05

關於行銷學
的100個故事

100 Stories of Marketing

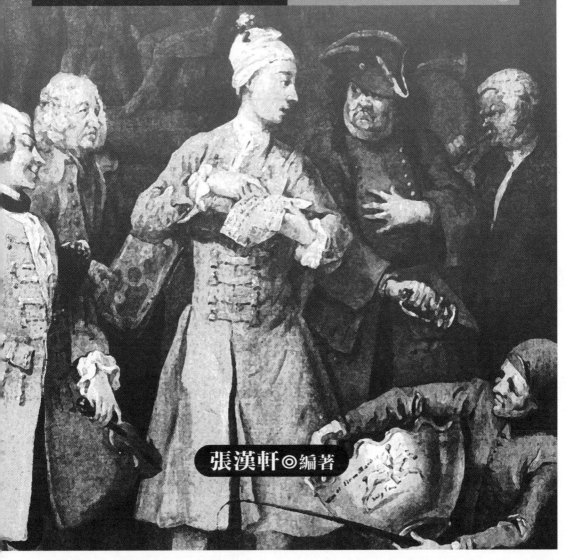

張漢軒◎編著

　　21世紀是一個行銷的時代，企業鱗次櫛比，商品琳琅滿目，市場行銷無處不在！企業的發展與壯大與企業行銷策略的優劣有著緊密的關係。無論是哪一行業，只有企業行銷策略的方向做對了，企業才能健康發展。

　　即使你能提供世界上最好的產品和服務，如果沒有智慧的行銷策略，你的企業也會在很長的時間內無法獲得原本應有的最大利益。一項考慮周密的優秀的行銷策略，能夠使一個企業的產品銷售一帆風順，利益猛增；而一項錯誤的行銷策略，則可能導致公司破產，產品被束之高閣。

　　身為一名行銷人員，應該具備怎樣的心態去迎接挑戰？如何去看透客戶的心理？如何有效地引導客戶朝著對自己有利的方向進行決策？如何創新自己的行銷策略？如何使自己的產品立於市場前沿？如何讓自己的產品得到客戶的青睞？這些都是需要經常思考的問題。

　　幸運的是，這些疑問我們都將在本書中給予完整的解答。本著寧缺毋濫的原則，我們精心挑選了100個古今中外經典的行銷故事，以生活化、情節化的方式對傳統的艱澀、高深的行銷理論進行輕鬆、風趣的演繹。它直接跳過繁瑣艱澀的行銷法則，避開

教科書式的講解，摒棄系統理論的繁雜，清楚地勾勒出現今行銷工作者必備的行銷知識。

　　為了能與讀者進行良好的交流，我們從行銷的新視角出發，對於每則故事都給予了深刻的行銷專業點評，對故事進行理論昇華。在每個故事的點評過程中，都滲透著行銷的基本理論和方法，使讀者在欣賞故事的過程中體會到卓越的行銷智慧和啟示，把行銷理論潛移默化地傳授給讀者。為了增強本書的知識性，我們還特別為讀者介紹了100位中外行銷界的名人，這樣，不僅能夠讓讀者朋友學到行銷的智慧和決勝法則，同時還能領略到各位大師的行銷真諦。

　　本書將所有的行銷智謀都集中在一起，放在你的眼前。透過對行銷故事的分析，深入淺出地將行銷的道理輕輕點出，在不知不覺中，幫助讀者完成一次對行銷，甚至對人生的思考。本書行文流暢，通俗易懂，讀起來簡單、生動、活潑，富有情趣。可以說，本書既是行銷人員的智慧書，又是一本優秀的實踐指導，幫助行銷人員靈活應對市場，開展卓越的行銷工作。

　　相信透過對本書的閱讀，您將懂得行銷，掌握行銷，在由普通行銷人員向行銷精英成長的歷程中邁出堅實的一步。

第三章 先推銷自己，再推銷產品：做到有效溝通

第十章　誰關注消費者，誰就是贏家：
　　　　用服務建立客戶忠誠

第一章

成敗一念間：
擺正行銷觀念

要現金還是要股票
——觀念影響命運

確立正確的觀念在市場行銷的企劃中是首要環節，包括行銷觀念、顧客的觀念和競爭的觀念。

美國有一個叫吉姆斯的富翁，是個很懂得運用金錢的人。有一次，他的公司打算蓋間倉庫，請來了兩個建築工人。這兩名工人都來自德克薩斯州，分別叫大衛和傑克。

他們工作的很賣力，速度又快，而且在建倉庫的同時還不斷提供自己的一些專業性的建議，很實用，為此，吉姆斯很欣賞他們，想給他們一個賺錢的機會。於是等到倉庫蓋好後，兄弟倆到辦公室去領工資的時候，吉姆斯就對他們說：「你們賺錢也很不容易，而且這些錢也不多，現金如果到了你們手中，一定很快就會花光，我可以給你們公司的股票，你們可以把它作為一種投資，以後還有可能升值，那你們的生活品質就可以得到改善了，不知你們是否感興趣？」

大衛聽了，覺得很有道理，心想雖然現在拿不到現金但說不定將來能翻幾倍，那我的妻子和孩子的生活就有保障了，於是當場便答應了。但是傑克覺得股票不如現金，立刻就能花用，想那麼遠做什麼，反正自己有技術不愁沒工作，因此他堅持要領現款。

後來發生了一場金融危機，股票市場受到了震盪，大衛的股票幾乎成了廢紙，傑克就嘲笑大衛說：「如果你當初和我一樣選擇了現金的話，那就不會弄成今天這種情況了。」

大衛說：「我不會後悔的，更何況如果度過這場經濟危機的話，股市一定還會回升的。」

不久之後經濟危機過去了，而湯姆公司的股票又重新堅挺了起來，大衛憑藉著這些股票，賺了不少錢，還成為吉姆斯公司的一個小股東，並正式在公司擔任要職，而傑克的錢也早已經在那時候花光了，不得不到處找工作，於是他又找到了吉姆斯的公司，接待他的正是大衛。

幾年後，大衛步入了富人的行列，而傑克依舊是一個建築工人。

行銷智慧

故事中的兩個人由於觀念不同，導致了各自命運的不同，本來兩人面對的機會都是平等的，可見觀念對命運的影響是非常大的。

對於企業來說，「觀念也是生產力」。市場行銷為何有這麼大的魅力？又為什麼那麼深入人心？秘密就在於受市場行銷觀念的影響和對其的傳播，使企業有了思想武器能夠克敵致勝，使經營者有指南去付諸行動。IT帝國微軟當年的行銷信念就是「讓每個人的桌子上都有一台PC」，正是靠著這樣的觀念，比爾‧蓋茲將Windows作業系統遍佈世界的每一個角落。

很顯然，觀念的行銷已經成為現代市場競爭的利器，如今，正是觀念競爭的時代，觀念已日益成為行銷管理活動的實質和核心。然而我們有些企業卻不

知道觀念為何物，不善於開發觀念也不努力培育觀念更不懂得更新觀念，總是墨守陳規，這在激烈的市場競爭中一定站不住腳的。

「麥當勞」、「肯德基」為什麼越來越多的人願意去消費？原因就在於他們並不單是在出售好吃的食品，更是在出售觀念和文化。

這個世界充滿競爭，如果你想獲得成功，就再也不能小看觀念在現代市場行銷中的作用。事實上，對大多數公司來說，觀念是最重要的、同時也是最需要管理的資產。經常聽到這句話「這個世界唯一不變的東西就是變」，觀念之樹常青來自於對動態社會的適應性變化，而市場經濟永遠不變的法則適者生存。

菲利浦‧科特勒：1931年出生於美國芝加哥，被譽為「現代行銷學之父」。他是美國行銷協會第一屆「行銷教育者獎」的得主，也是至今唯一3次獲得《行銷雜誌》年度最佳論文獎「阿爾法‧卡帕‧蒲賽獎」的人。他行銷理念的核心是：相信行銷不僅僅是一個商業交易的問題，它還涉及社會價值觀。行銷是一種社會行為。科特勒博士著作眾多，許多都被翻譯為20多種語言，被58個國家的行銷人士視為行銷寶典。其中，《行銷管理》一書更是被奉為行銷學的聖經。

諸葛亮與劉備的隆中決策
——行銷也要注重戰略

在企業戰略管理體系中，行銷戰略通常被界定為一種職能戰略。但若在更高層次去理解市場行銷，應該認為行銷戰略是企業戰略的核心或主體。

三國時期是我國歷史上大分裂時代。當時王室傾頹，義軍蜂起，諸侯割據，人們處於戰亂之中。群雄逐鹿的過程中，逐步形成了曹操、孫權和劉備三個勢力較大的軍事政治集團，他們之間展開了尖銳的爭鬥。政治風雲中，不思進取、因循守舊、優柔寡斷的一方往往會坐失良機；有時一個小的細節如果倉促決斷，都會招致殺身之禍。可以說，得失往往就在一念之間。

「三國」中的一些傑出人物，胸懷全局，目光遠大，能夠從全局上、長遠上思考問題，善於處理大的方面的關係，能夠在變動中把握局勢發展的大方向，爭取戰略上的主動和優勢，因而從小到大，從弱到強，成就了一番轟轟烈烈的事業。

劉備在沒有得到諸葛亮之前，落魄不遇，屢遭挫折，不得已投奔荊州，後經水鏡先生司馬徽和徐庶的推薦，三顧茅廬，邀請諸葛亮出山相助。諸葛亮在與劉備會面時，首先精闢地分析了天下大勢，指出「曹操已擁百萬之眾，挾天

子以令諸侯，此誠不可與爭鋒。孫權據有江東，已歷三世，國險而民富，此可用為援而不可圖也」；接著，簡明扼要地說明了荊州和益州的重要戰略地位；最後告訴劉備，欲成霸業，應該「北讓曹操占天時，南讓孫權占地利，將軍可占人和，先取荊州為家，後即取西川建基業，以成鼎足之勢，然後可圖中原」。

這便是為古今稱道不絕的隆中決策。在這個著名決策中，既有戰略目標，又有戰略措施，還有實現目標的幾個戰略階段。劉備聞言，茅塞頓開。正是逐步實施了這一正確決策，劉備才得以絕處逢生，立穩腳跟，日益發展，與先期建立的魏、吳政權鼎立天下。

行銷智慧

《三國演義》中的成功事例，有力地揭示了戰略對於一個政治、軍事集團，既是必須解決的問題，又是舉足輕重的大事。戰略的重要，同樣存在於企業的經營活動之中。現代企業處在科技、經濟、社會迅速發展的時代，處在廣泛分工、密切合作、社會聯繫空前複雜的時代。企業必須主動地去適應時代的變遷，自覺地去符合市場的需要，勇敢地去迎接競爭的挑戰。

行銷是企業管理的一部分，因此，行銷也要注重戰略。為了制定和實施行銷戰略，企業必須做好戰略行銷。所謂戰略行銷，不僅僅是說企業行銷部門的管理者和一般員工都要自覺地圍繞著戰略目標，進行開拓性的工作，而且要求企業高層管理者把自己的主要精力用於思考戰略、制定戰略、推行戰略之上。

戰略行銷的基本因素有以下兩個方面：

第一，謀全局。現代行銷是一個複雜的大系統和對外的開放系統。從內部看，其行銷要素有人、財、物、技術、資訊等；從外部看，它要服從市場需

求,考慮競爭對手,而這又受政治、經濟、技術、文化、自然等眾多因素的制約和影響。

因此,現代行銷的整體綜合性加強,「輻射半徑」延長。這就要求戰略行銷必須體現整體意識、宏觀意識,甚至全球意識;既要有全局性,又要有層次性;既要高屋建瓴,統籌兼顧,全方位進行思考,防止顧此失彼,出現遺漏;又要分清不同層次,區別輕重緩急。

第二,謀長遠。現在是未來的基礎,而未來是現在的發展;現在是立足點和出發點,而未來是著眼點和目標點。行銷在制定自己的戰略方案時,只有立足現在,著眼未來,才能有所創新,才能適應內外環境的變化和發展,進而長期保持主動和領先,把握和贏得未來。因此,戰略行銷要體現出未來意識和超越意識,樹立「明天即今天」的觀念。諸葛亮的隆中決策,創下了後蜀數十年江山,所以,人們稱讚是「一對足千秋」。

傑克・特勞特:美國特勞特夥伴公司總裁,全球著名的行銷策略專家之一,被譽為「有史以來對美國行銷影響最大的人」和「發現市場行銷永恆法則的人」。美國20世紀60年代以來,最新行銷觀念的推動者與實踐者。他最大的貢獻就是透過多年的理論推廣及務實影響,將「定位」行銷觀念深深地根植到美國企業的行銷運作之中。

老鼠的「絕妙」主意
——行銷執行決定行銷成敗

好的行銷方案並不一定會有好的效果，它必須得到有效的執行才能取得成效。

老鼠們總是受到貓的侵襲，感到十分苦悶。一天，為如何對付貓，牠們召開全體會議，討論對付貓的策略，爭取一勞永逸地解決這個關係老鼠家族生死存亡的重大問題。

群鼠們絞盡腦汁想了良久，有的說培養貓吃魚、吃雞的新習慣，有的說研製新型的毒貓藥，還有的提倡老鼠和貓通婚，用吹「枕邊風」的方法來改變貓對老鼠的敵視等等，但這些都被否決了。

最後一隻年老的老鼠瞇著狡猾的眼睛站起來提議，牠說在貓的脖子上掛個鈴鐺，貓只要一有動靜鈴鐺就會響，我們就能知道這是貓來了，便可順利逃走，這個主意真是絕妙，大家都報以熱烈的掌聲，連呼高明，對這隻老的可以做爺爺的貓佩服得五體投地。

這一決議獲得全數通過，可是執行者卻始終沒能產生。在巨額獎勵，授予榮譽證書，美色誘惑種種獎勵之下，終於有3隻老鼠在這些利益驅動下，接受了這項光榮而艱巨的任務。

遺憾的是，這3隻老鼠儘管滿懷信心，全力以赴地去完成任務，卻屢屢敗北

而歸。其中有一隻老鼠獻出了年輕的生命，另一隻老鼠帶著半條命逃了回來，還有一隻老鼠見自己的夥伴死的死，傷的傷，還未出征，便罹患了「恐貓抑鬱症」，整天茶飯不思，一聽見「貓」叫，就會全身哆嗦……結果這項「高明的決策」最終不了了之了。

行銷智慧

高明的決策，有創意的方案，倘若不能實現，就會變成中看不中用的花瓶，這樣的決策和方案是毫無價值的。

如果不根據自身實際和現實條件的制約，強行去做，不僅會使企業損耗大量的財力和物力，還會極大挫傷執行者的積極性和自信心，不利於企業的長遠發展。上面的故事揭示的就是關於行銷執行的問題。

行銷執行是為企業創造利潤，增加資產，完成目標值的重要過程，然而，許多企業在營運中卻沒有重視這重要的一環，以致於他們在市場上摸爬滾打多年，經營卻總是在低效或無效中運行。

即使有過很好構思和設想，但由於對執行理解的偏差，或對執行沒有做到足夠的重視，或員工執行的積極性不高，使得企業執行的整體水準低下，最終使企業變成了一個單純的「研究機構」。

有許多行銷經理拿出行銷方案時，不乏奇思妙想，但一問是否有操作性時，就變得啞口無言了。

因為從表面看，決策似乎頭頭是道，但一拿到實踐中，立即漏洞百出。很多企業在制定行銷方案的過程中，對公司的整體情況估計不足，對所面臨的困

難缺乏必要的準備，往往無法完成預期的工作，於是本來該做的事情卻沒人去做，做了也打了很大的折扣，直到出了重大問題才發現毛病所在。

行銷執行絕不是為了譁眾取寵，不是玩那些赤腳踩鋼絲的高難雜技，更不是在舞臺上做一些吸引觀眾目光的表演，以博得眾人的喝彩。行銷執行是完全的市場行動！是切實的行銷落實！

一定要記住：行銷執行＝計畫＋行動＋落實。有計畫而無行動，無異於做白夢；有計畫、有行動，而無法真正貫徹落實，無疑是損失、是消耗、是對行動的褻瀆！因此，行銷執行的歸結點就是「落實」！不折不扣的「落實」！

沒有落實，一切將成為空談！行銷執行決定行銷成敗！

喬·吉拉德：世界上最偉大的銷售員，他連續12年榮登世界金氏記錄大全世界銷售第一的寶座，連續12年平均每天銷售6輛車，至今無人能破。喬·吉拉德也是全球最受歡迎的演講大師，曾為眾多世界500大企業精英傳授他的寶貴經驗。同時，喬·吉拉德還是4本暢銷書的作者，《我是推銷員——喬·吉拉德成功之路》、《邁向顛峰：如何推銷你自己》、《戰無不克》、《推銷十「誠」》，全球逾千萬人研讀過他的作品。

松下公司的考核
——行銷需有長遠的目光

身為一名出色行銷者，不僅僅只具備策劃短期行為的能力，最重要的是要懂得用長遠的目光去規劃未來。

日本松下公司準備從新招募的3名員工進行一次例行性的職前「魔鬼訓練」，予以考核，以從中選出一位做市場策劃。公司派他們前往廣島，並在那裡生活1天，給他們每人1天的生活費用2000日元，這是按最低標準發放的。最後看誰剩下的錢最多。

剩下錢是不可能的，一杯烏龍茶的價格是300日元，一瓶可樂的價格是200日元，連最便宜的旅館，住一夜至少也得需要2000元……也就是說，他們手裡的錢僅僅夠在旅館裡住上一夜，要嘛選擇睡覺，要嘛選擇別吃飯，除非他們在天黑之前自己再賺更多的錢。公司要求他們必須單獨生存，不能合作，更不能去打工。

第一位員工很聰明，他用500日元買了一副墨鏡，用剩下的錢買了一把二手吉他，來到廣島最繁華的地段的一個售票大廳外的廣場上，演起了「盲人賣藝」，半天下來，他面前已經有不少的鈔票了。

第二位員工也很聰明，他花500元做了一個大箱子，上面寫著：將核武器趕出地球——紀念廣島災難40週年暨為加快廣島建設大募捐，也放在這最繁華的廣場上。然後用剩下的錢雇了兩個中學生做現場宣傳說明，還不到中午，他的大募捐箱也滿滿的了。

第三位可與前面那兩位大相逕庭，好像根本就不是在接受考核，或許他太累了，他做的第一件事就是找了個小餐館，一杯清酒、一份生魚片、一碗米飯，好好地吃了一頓，一下子就消費了1500日元。然後鑽進一輛廢棄的豐田汽車裡美美地睡了一覺……

廣島的人真不錯，那兩位員工的「生意」異常好，一天下來，他們對自己的聰明和不菲的收入暗自竊喜。誰知，傍晚時分，厄運降臨到他們身上，一名佩戴胸卡和袖標、腰繫手槍的城市稽查人員出現在廣場上。他扔掉了「盲人」的墨鏡，摔碎了「盲人」的吉他，撕破募捐人的箱子並趕走了他雇來的學生，沒收了他們的「財產」，收繳了他們的身分證，還揚言要以詐欺罪起訴他們……

這下完了，別說賺錢，連老本都虧進去了。當他們狼狽不堪地返回松下公司時，已經比規定時間晚了一天，更讓他們臉紅的是，那個稽查人員正坐在公司裡等他們！他就是那個在餐館裡吃飯、在汽車裡睡覺的第三位員工，他的投資是用150日元做了個袖標、一枚胸卡，花350日元從一個拾荒老人那兒買了一把舊玩具手槍和一臉化妝用的落腮鬍子。當然，還有就是花1500元吃了頓飯。

這時，松下公司國際市場行銷部課長走出來，一本正經地對站在那裡怔怔發呆的「盲人」和「募捐人」說：「企業要生存發展，必須得賺取豐厚的利潤，不僅僅要學會吃市場，最重要的是懂得怎樣吃掉市場。我們所需要的主管，不僅僅是只具備策劃短期行為的能力，最重要的是要懂得用長遠的目光去規劃未來。」說完他鄭重宣佈第3位員工為本次考核的勝出者。

行銷智慧

故事中的3名被考核的員工都是聰明的人物，但道高一尺，魔高一丈，勝利

只屬於最出色的那個人。松下公司國際市場行銷部課長的最後一番話是對這番比試的點評，可謂是暮鼓晨鐘，對於行銷決策者有發人深省的作用：我們不僅僅只具備策劃短期行為的能力，最重要的是要懂得用長遠的目光去規劃未來。

身為一個行銷人員，不能鼠目寸光，只為了追求短期利益，而忽視長期利益。現在已經進入了一個全員行銷，全員服務的時代，無論是產品行銷還是服務行銷，只有走好七步棋才能贏得客戶。一是讓客戶注意到，二是讓客戶清楚，三是讓客戶喜愛，四是讓客戶信賴，五是讓客戶安心，六是讓客戶感到有必要投資，七是讓客戶明白為什麼選擇你的而不選擇別人的。

在開發市場時要勇於花時間和本錢，先給予後索取，不要計較蠅頭小利。賣花生的往往是一邊賣一邊讓人品嘗，他不算計品嘗有沒有人給錢，算計的是整車花生賺多少錢。剛進入目標市場最重要的是做宣傳，擴大影響力，樹立自己品牌和信譽。只有把這些事做好了，高額的銷售利潤才會滾滾而來。因此，要讓客戶從瞭解——信任——滿意——忠誠，這就需要行銷者對目標市場的長期謀劃經營和用心培育！

張利：著名實戰派行銷專家，企業經營模式研究專家，集戰略行銷、國學、企業經營策略課程精髓於一身，被譽為「中國戰略行銷第一人」。張利具有深厚的中國古代哲學思想和戰略思想功底，以《孫子兵法》、《論語》、《老子》等中國古代經典哲學著作為武器，結合最新歐美企業經營管理理論，對中國房地產、電信、醫藥、化工等行業進行了廣泛的觀察與研究。

膽小的園藝師
──行銷需要膽量

想要行銷成功，非得有膽量不可。一個沒有膽量的行銷者，再好的機會到來，也不敢去掌握與嘗試；固然他沒有失敗的機會，但也失去了成功的機運。

美國的成功學大師戴爾·卡內基家中的一個園藝師傅，因為欠缺膽量，白白喪失了一個成功的機會。

有一天，他家的園藝師對卡內基說：「先生，您的事業蒸蒸日上，而我卻整日修剪這些花草，一點出息都沒有。您教我一些創業的秘訣吧？」

卡內基點頭說：「好吧！既然你比較適合園藝方面的事業。這樣好啦，在密蘇里州華倫斯堡州立師範學院旁有4萬坪空地，我們合作種樹苗吧！買一棵樹苗大概得多少錢？」

「1美元。」

卡內基又說：「好！以一坪種2棵計算，扣除走道，4萬坪大約種6萬棵，樹苗的成本是1美元。那麼3年後，1棵能賣多少錢呢？」

「大約10元。」

「6萬美元的樹苗成本與肥料費都由我來支付，你只要負責除草與施肥等工作。3年後，我們就能獲得極大的利潤，到時候我們平分。」

不料園藝師卻回絕說：「哇！我可不敢做那麼大的生意！」最後，他還是在卡內基家中栽種樹苗，按月拿取工資，白白失去了一個致富良機。

行銷智慧

美國汽車鉅子艾科卡說：「要賺大錢，非得要有點膽量不可。」有一位企業領導者說：「在我們之前沒有路，我們走過後，路就自然形成了。」這句話可以說是對膽量最佳的詮釋。

行銷行業流行一句話：「想要做好行銷，必須膽大、心細、臉皮厚！」行銷沒有統一的標準可循，也沒有固定的模式可作借鏡，關鍵是要有膽量，找到方法，勇於突破。如果在行銷中缺乏一定的膽量，再多的才能、再好的機遇也會在你畏首畏尾、猶豫不決中喪失。

看看許多成功的企業家，除了對市場敏銳、悟性外，可以說膽量也是他們最終成就事業、造就輝煌的一個重要因素。

膽量，嚴格來說，其實就是我們常放在嘴裡說的自信與勇氣！行銷工作大都是面對陌生人的商業活動。身為一名行銷人員，每天都要面對陌生的客戶、陌生的人！首先我們必須有勇氣主動與對方打招呼，雖然我們知道很多時候得到的結果是拒絕，但是這個招呼我們必須主動去打。

主動打招呼是行銷的第一步，而且是必須邁出的第一步。從事行銷的人，是與拒絕打交道的人；戰勝拒絕的人，才是成功的行銷者。

第一次遭到拒絕後，你就放棄這個可能的客戶嗎？當然不能，事實證明，透過第一次聯繫就能成交的可能性是很小的，很多時候，客戶是經過死纏濫打或者一些策略才成交的！所以，遭到拒絕後要有膽量和客戶再次和多次聯繫，這是行銷過程中的必要手段。

一個有膽量的行銷者，才有旺盛的企圖心與拼纏的鬥志，也才能大膽突破，勇於創新，從無之中，走出自己的一條路。一個沒有膽識的行銷者，再好的機會到來，也不敢去掌握與嘗試；固然他沒有失敗的顧慮，但是也失去了成功的機運。

湯姆·霍普金斯：當今世界第一名行銷訓練大師，全球行銷員的典範，被譽為「世界上最偉大的行銷大師」。他是全世界單年內銷售最多房屋的房地產行銷員，平均每天賣一幢房子，3年內賺到3000萬美元，27歲就已成為千萬富翁。至今，湯姆·霍普金斯仍是金氏世界紀錄保持者。湯姆·霍普金斯目前是國際培訓集團的董事長，如今全世界很多的行銷培訓課程，都來自於他的行銷培訓系統，接受過其訓練的學生在全球超過500萬人，被公認為「行銷冠軍的締造者」。

終於拿到了訂單
——行銷需有耐心

以執著打動客戶。一個行銷人員在遭到拒絕後一定要有耐心堅持下去，這就是你與客戶達成交易必須要遵守的最基本也是最簡單的原則。

張林是一家油墨廠的行銷員。

一天，他來某印刷公司。該公司採購部王經理聽完張林的介紹後語氣溫和的對張林說，公司已有固定的客戶，前幾天剛進了不少貨，足夠使用一陣子了。至於以後用不用張林的貨，王經理有些敷衍地說：「過一段時間再看吧！」

張林心裡明白，王經理之所以不要陌生人的貨，不過是在感情上存在距離罷了。如果要把自己的貨推銷出去，就一定要有耐心，非得腿勤、嘴勤不可。

1個月後，張林又去了印刷公司。剛坐下正準備和王經理好好談談，不巧有個下屬來找王經理。這一次，張林也沒談成功。王經理推拖說，該公司已經改用另一類型的油墨了。張林急切地問是什麼類型的，王經理順口說了一種。

過了10天，張林拿著王經理說的那種型號的油墨樣品又來了。當時正好有寒流，王經理看著張林全身發抖的樣子，說：「年輕人，實話告訴你，你的油墨我們實在不能要，老客戶我們還應付不過來呢！你就是再來幾次，也是徒勞

無功，我勸你不要那麼辛苦地跑了。」

然而張林卻微笑著說：「不，請您別為我擔心，跑腿、說話就是我的本職呀！」這一次，張林雖然還是無功而返，但他已經發現王經理有點動心了。

3天後的一個下午，天下起了大雨。張林顧不了下雨、不下雨的，就騎車來到印刷廠。正是午休時間，張林見王經理正在睡午覺，就站在門外的走廊上等。過一會兒，王經理走出來，一眼就看到了落湯雞似的張林，他十分同情地搖著頭說：「你這小子，真拿你沒辦法。快進來把衣服脫下來擰一擰，天氣這麼冷，別感冒了。我去二樓一下，馬上就回來跟你談。」

張林終於靠著自己的一份耐心，如願以償地拿到了這家印刷廠的訂單。

行銷智慧

做任何事都要有恆心與耐心，如果張林缺乏耐心，在遭到王經理第一次拒絕之後就放棄的話，他是拿不到印刷廠的訂單的。耐心對行銷來說是非常重要的。一個沒有耐心的行銷員要行銷成功是很難的，因為他們一遇到困難就會想到放棄，而放棄正是行銷的大敵。

許多行銷人員在向客戶提出成交要求遭到拒絕之後，就放棄了，開始另尋他人，他們試圖遇到一個在他們提出要求時能馬上答應的客戶。據調查，有超過一半的行銷人員沒有多次向客戶提出銷售要求，他們在遭到客戶拒絕之後就不再堅持。

有一句話說得非常好：「成功者絕不放棄，放棄者絕不成功。」行銷是一條漫長又艱辛的路，不但要時時保持十足的衝勁，更要秉持著一貫的信念，自

我激勵，自我啟發，才能堅持面對重重難關，尤其在陷入低潮時期，若無法適時做好自我調適，行銷這一條路勢必將畫上永遠的休止符。有很多頗有前途的行銷員，就是因為一開始衝勁十足，但卻無法保持巔峰狀態，而悄然引退。

那麼身為一名行銷員，如何培養自己的耐心呢？首先，一定要充滿自信，別人能成功我也能成功。其次要時時提醒自己，只要再堅持一會兒就能成功了。再次，面對失敗永遠不要灰心，認為那只不過是自己走向成功的一個小小的挫折。另外，每天早上早點起床，多做一些深呼吸，在做深呼吸期間，什麼也不要想，久而久之，耐心也就練出來了。

想要行銷成功，唯有耐心，別無他途！

原一平：日本保險業連續15年全國業績第一的「行銷之神」，曾創下世界壽險行銷最高紀錄20年未被打破。1904年，原一平出生於日本長野縣。23歲時，他離開長野到東京打天下。1930年，原一平進入明治保險公司成為一名「見習行銷員」。1936年，原一平的業績遙遙領先公司其他同事，成為全公司之冠，並且奪取了全日本的第二名。36歲時，原一平成為美國百萬圓桌（MDRT）協會成員，協助設立全日本壽險行銷員協會，並擔任會長至1967年。因對日本壽險的卓越貢獻，原一平榮獲日本政府最高殊榮獎，並且成為MDRT的終身會員。

漁夫和商人
——守信是行銷之本

守信乃行銷之本，失信就失去行銷的機會。

  有個商人去南方採購了一批貨，採水路往外地銷售，船在河中順風行駛，忽然濃雲密佈，狂風驟起，大雨傾盆。商人走出船艙查看自己新採購的貨物，一波大浪襲向船頭，把他打落水中。商人在水中掙扎呼喊：「救命呀！」一個漁夫聽到喊聲，急急忙忙把船搖過來救人。商人看到漁夫，大聲喊道：「快來救我，我給你100兩白銀。」漁夫把商人救起來，送進船艙，商人換好了衣服，拿出10兩銀子送給漁夫，說：「拿去吧！這10兩銀子夠你辛苦半年了。」

  漁夫不接銀子，看著商人說：「剛才你在水中承諾說，把你救起來給100兩銀子，而不是10兩銀子。」商人滿臉不高興地說：「你也太不知足了，你一天捕魚能賺幾文錢？現在一下子撈了10兩銀子，不少了。」漁夫說：「事是這麼回事，理卻不是這個理。你剛才不許諾給100兩銀子，我也會救你一命，但你既然說給100兩銀子，我希望你不要失信。」商人搖搖頭，跳進船艙，不再理會漁夫。漁夫長長嘆口氣，回到漁船。

  一年後，商人載貨碰巧又在河中與漁夫相遇。兩個人都想起了去年那件不愉快的事。商人說：「我給了你10兩銀子，你為什麼不用來當本錢？」正說著，商人的船觸礁了，船艙進水，船漸漸下沉。商人急得團團轉，大聲對漁夫說：「快來救我，這次我給你300兩銀子，保證不失信。」漁夫搖櫓從商人旁邊划過去，回頭不疾不徐地說：「喊信得過你的人來救命吧！我不要你的銀子，

也不救你這種不講信用的人。」很快，商人隨著沉船消失在滔滔河水中⋯⋯

行銷智慧

這個故事告訴我們，無論何時何地你應永遠記住要誠實守信。商人因為自己的不講信義而丟失了性命，不是別人的錯誤，而是他自己釀成的惡果。在行銷當中，守信乃行銷之生命，如果錯過了信用，也許一筆大買賣就會泡湯。要知道生命的時間是寶貴的，而被奉為上帝的顧客、尤其是巨戶老闆的時間更是寶貴的。因此，與他們交往一定要信守時間。

行銷高手們「言必行、行必果」，是最講信用的，他們有一說一、實事求是，對顧客以誠信為先，以品行為本，使顧客信賴，放心地同你做買賣。如果一個行銷員不講信用，前後矛盾，言行不一，那麼他是做不出什麼業績的。

信用有小信用和大信用，大信用固然重要，卻是由許多小信用累積而成。有時候，守了一輩子信用，只因失去一個小信用而使唾手可得的生意泡湯，好比柱子被白蟻蛀壞而使整個房子倒塌一樣。講信用是忠誠的外在表現。行銷離不開交往，交往離不開信用，「小信成則大信立」。一個人的信用越好，就越能成功地打開局面，事業就會做得越好。

> 喬・庫爾曼：幼年喪父，18歲那年，他成為一名職業棒球手，後來由於手臂受傷，不得不放棄棒球事業，回家做了一名壽險行銷員。29歲那年，他成為美國薪酬最高的行銷員之一。在25年的行銷生涯中，他銷售了40000份壽險，平均每日5份，這使他成為美國金牌行銷員。他是第一位連任3屆美國百萬圓桌俱樂部主席的行銷員。庫爾曼說：「只要你能讓顧客不停地說話，就等於他在幫助你找關鍵點。」

斬斷「哥頓神結」
——打破行銷的遊戲規則

成功的行銷者不僅會設法打破原有的市場遊戲規則，而且還試圖做新遊戲規則的制定者和領導者。

西元前333年的一個冬天，馬其頓將軍亞歷山大率領軍隊在亞洲的一個城市紮營躲避嚴寒。他聽當地的人說這個城裡有一個著名的神諭：誰能解開城中「哥頓神結」，誰就能成為亞細亞王。亞歷山大很感興趣，他滿懷信心、興致勃勃地騎馬前去解結。可是，他用了幾個星期的時間，也無法解開「哥頓神結」。

他絞盡腦汁卻一點頭緒也沒有，但又不肯善罷甘休。亞歷山大費盡心思，突然想通了：「我為什麼不自己制定一個解結的規則呢？」於是，亞歷山大揚起手中的劍，將「哥頓神結」砍為兩半，徹底「解」開了了結。亞歷山大最終如願以償，成為亞細亞王。

行銷智慧

亞歷山大之所以成夠成為亞細亞王，就在於他大膽地突破了僵化死板的思維定式，改變了思考的角度，「快刀斬亂麻」徹底解開了神結。用現在的話說，是一種創造性的解法。身為一名行銷者，敢於向現有的行銷規則挑戰，你

就有可能在創新開拓中擁有自己的「亞細亞王」。

很多產品在市場上的生命已經歷了較長的時間考驗，大部分消費者已經習慣於接受它的固定的風味和風格，這給新產品的創新上市帶來一定的障礙也是一定的，就像可口可樂曾經改變老配方而遭到消費者的反對一樣。當然，也並不是沒有改變的機會，畢竟還是有一些消費者喜新厭舊，喜歡嘗試新的口味和風格。如果你不挑戰傳統，別樹一格，就很難奪取老品牌在消費者心裡的位置。想要打破這種先入為主的優勢，首先你必須破壞它賴以存在的條件，透過制定新的遊戲規則，讓老品牌的傳統優勢無用武之地，甚至成為在新遊戲規則中的劣勢，這就是行銷戰略「未戰先勝」的成功。

電風扇剛剛發明的時候，一律是黑色的外觀，就像一個殺手冷冰冰的臉。日本有一家公司為了提高市場的競爭力，不再繼續生產這種電風扇。幾個月的時間，他們研製出了一批彩色電風扇，同時增加許多新功能，結果一炮打響。應該說，這是一家有創造力的公司他們勇於創新，他們的高明之處在於他們認識到，如果一直走老路，用低廉的價格吸引消費者，搶佔市場，那只能作繭自縛，甚至被市場吞掉。而一個新鮮的創意，一個果斷的決定，就能讓公司舊貌換新顏。正如砍斷「哥頓神結」的亞歷山大一樣，靠的是出奇致勝。

咖哩粉，是一種比較辣的廚房調味料，在日本佔有很大的市場。某食品工業公司的老闆浦上，熱心於咖哩粉新品種的開發，但是嘗試了幾次之後，並沒有取得令人滿意的效果。後來，他挑戰規則，開發出跟傳統口感大為不同的「不辣咖哩粉」，結果引來大片的反對聲。有人還當面侮辱浦上：「你是個白癡！哪有這種咖哩粉呢？」

但沒想到的是，被斷言根本沒有市場的「白癡咖哩粉」，一上市後居然受到

一些講究口味的人的喜愛，他們認為這種不同於傳統風味的調味料早就應該上市。經過一番努力，新口味咖哩粉異軍突起，一年後竟成為日本市場上的暢銷調味料之一。

同一群體的消費者對同樣的產品會有不同的喜好；不同的消費群體對同樣的產品會有相同的喜好。行銷者必須能夠透過「同中取異」和「異中取同」來發現目標市場的不同偏好，並引導消費者的購買選擇。身為後進者，與其跟先進者在現有目標市場上爭奪有限的「大餅」，還不如另闢蹊徑，重新開拓市場尋找一塊新的「大餅」。

藝術大師畢卡索曾說過：「創造之前必須先破壞。」就是說要勇於破壞傳統觀念，破壞傳統規則，勇於向現存規則挑戰。不挑戰規則，你的一生很可能無所作為。一名成功的行銷者，不僅會設法打破原有的遊戲規則，而且還會試圖做新遊戲規則的制定者和領導者。

尼爾・鮑頓：美國著名的行銷學專家、哈佛大學教授。1950年，尼爾・鮑頓提出了「市場行銷組合理論」並確定了行銷組合的12個要素，即「產品計畫、定價、廠牌、行銷路線、人員銷售、廣告、促銷、包裝、陳列、扶持、實體分配和市場調查與研究」。

他說，一個企業的行銷經理應該是一個「決策者」、一個「藝術家」，以及「各種要素的組合者」，他指出，行銷學家將比經濟學家（主要關心價格）、行銷人員（主要關心推銷）和廣告人員（把創造需求視為廣告的主要功能）等走得更遠。

賣鞋的故事——
只有靠引導與開拓才有市場

在行銷過程中，等待是會喪失市場的，只有引導與開導才會有新的市場。

某跨國製鞋公司，為開發一個島國的市場，先後派出了4支考察隊伍。

第一支是由公司最優秀的行銷員組成的隊伍。行銷員們在島上晃了半天，第二天就回來了。他們在調查報告中說：島上的居民沒有有穿鞋的習慣，島上也沒有賣鞋的，這裡存在很大的市場空間，公司可以大量地把鞋運過去，他們有信心把鞋推銷給這些島國的居民。

第二支是由鞋廠的廠長們組成的隊伍。廠長們在島上轉了兩天，回來之後非常高興，他們在調查報告中說：島國是一個很有前景的市場，因為島上可找到生產鞋的原料，而且原料以及島上的其他各方面社會資源價格都很低廉；他們建議公司到島國設立分廠，認為只要投入生產，一定會獲得很大的收益。

第三支是由公司財務部門的人員組成的隊伍。他們比較了「國際貿易」和「本地化生產」兩種模式的優劣後，認為：島國的原料、水、電、土地、勞動力等資源的價格相對低廉，而且島國的關稅較低。綜合兩種模式所需的各方面成本來說，是「本地化生產」的優勢較高。只要新建的鞋廠，能夠保持每天1 000雙以上的生產量，每雙鞋的成本，按一個月生產3萬雙計算，一個月就可以節省12萬元，半年就可以收回全部成本。所以，他們建議公司到島國設廠。

第四支是由公司行銷經理們組成的隊伍。經理們在島國上待了5天，拜訪了

上至島國酋長，下至各行各業的普通老百姓。當地人瞭解到穿鞋可以防止他們的腳病後，都表示非常渴望有一雙鞋。經理們建議公司要對賣給當地人的鞋重新加以設計。曾經有過一個製鞋公司派人來考察過，不能排除他們日後的捲土重來。島上盛產又甜又香的香蕉，極具銷售力和競爭力。經理們跟酋長已經談妥了將以每20公斤～30公斤的香蕉，對應一雙鞋的比例，換取製鞋公司專門為島國生產的鞋，總數量大概為10萬雙左右，第一批跟他們要1萬雙，並給予該製鞋公司獨家賣鞋權，當然越快到貨越好！

經理們又做了一項測算，香蕉可以以30元／公斤的價格賣給某連鎖超市的經營公司，按1萬公斤算，扣除一切費用，每公斤香蕉的純利潤為23元。1萬雙鞋，如果從離島國最近的廠運到島國，公司的總成本為16萬元。那第一批1萬雙鞋，可以換得的香蕉總數額（按25公斤香蕉＝1雙鞋算）是25萬公斤，香蕉的總利潤為575萬元。扣除鞋的成本，公司可以在第一筆交易中盈利559萬元。如果鞋在島國本地生產，則每雙鞋可以節省成本4元，公司則可以得到563萬元的總利潤！

不過，經理們也算過了，投資設廠的資金需要200萬元，而且從建廠到真正出成品交貨，需要3個月的時間，滿足不了酋長的迫切要求；而公司從最近的鞋廠設計、生產那1萬雙鞋，再運到島國出售，只需要一個半月，這個時間酋長是可以接受的。所以，經理們建議公司一面用「國際貿易」做成第一筆的1萬雙交易；一面同時在島國建廠投入生產，以便為後續更大的市場發展打下基礎！製鞋公司對行銷經理們的報告大加讚賞，並給予了豐厚的獎勵！

行銷智慧

從這個賣鞋的故事，我們可以證實一個道理：只有引導與開拓才會有市

場。海爾集團總裁張瑞敏有句名言：「沒有疲軟的市場，只有疲軟的產品。」市場需求是一直存在的，但某個品牌的產品能否暢銷，則要看它是否能適應消費需求，甚至是否能宣導消費需求。

依傳統的看法，都是先有消費，後有市場。其實，市場也可以由人來創造。我們的產品庫存積壓，不是人們不需求，而是人們沒有這種購買力，形成暫時的滯銷。人們手裡的錢總是有限的，先必須，後緊迫，然後才能高消費。

想要形成市場，這就要靠消費引導與產品開拓。即使是大眾的、現實的有效需求，也仍然有一個引導、鋪墊的過程，從潛在市場到原始市場，進而到成熟市場，有一個相當時間的培育過程。從我們今天許許多多「第一」必需品市場的存在與發展來看，這些有效需求市場，無不經過長時間的引導消費最後才形成。

產品是賣出來的，品牌是賣出來的，市場也是賣出來的。在尋找賣點、製造賣點的過程中逐步建構有效需求市場。總之，等待將會喪失市場，只有引導與開拓才會有新市場。

傑羅姆‧麥肯錫：20世紀著名的行銷學大師，美國密西根大學教授。傑羅姆‧麥肯錫於1960年第一次提出了著名的「4P」行銷組合經典模型，即產品、價格、管道、促銷。4P理論的提出，是現代市場行銷理論最具劃時代意義的變革，從此，行銷管理成為公司管理的一部分，涉及了比銷售更廣的領域。

贈送一包花生
——主動創造需求

滿足消費者當前的需求，只是被動的適應市場。根據經濟與社會發展，去創造消費者需求，開拓明天的市場空間，掌握明天的市場，才能真正主宰市場。

宣傳奇才哈利少年的時候在一家馬戲團做童工，他的任務是負責在馬戲場內叫賣零食。但是每次看戲的人不多，買東西吃的人則更少，尤其是飲料，很少有人問津。有一天，哈利突然想到一個主意：向每一位觀眾贈送一包花生，用來吸引觀眾。

他把這個想法告訴了老闆，老闆認為他的想法很荒唐。

於是，哈利便用自己那點微薄的工資做擔保，希望老闆讓他嘗試一下，並保證說，如果賠錢的話就從他的工資裡面扣；如果賺錢了，自己只要一半，老闆才勉強同意。以後每次馬戲團的演出場地外就多了一個義務宣傳員：「好消息！來看馬戲的觀眾可以免費得到一包好吃的花生！」在哈利不停的叫喊聲中，觀眾比往常多了很多。

當觀眾進場以後，哈利便開始叫賣起飲料來，絕大多數觀眾在吃完花生之後覺得口渴都會買一瓶飲料。

這樣一場馬戲下來，馬戲團的營業額比平常增加了十幾倍。原來哈利在炒花生

的時候加了少量的鹽，雖然使花生變得更好吃了，但觀眾也會越吃越口渴，飲料的生意自然就好了起來。

行銷智慧

哈利成功行銷的故事告訴我們市場行銷中一個最重要的道理：就是要善於創造需求。

有需求才有生產，這是傳統市場行銷的觀念。當今世界，市場競爭十分激烈，產品的市場壽命變得越來越短，以前，產品從進入市場到退出市場，時間可能是幾年或者十幾年，企業有大量充裕的時間來追蹤和適應市場的需要，如今，給人的感覺是產品「一閃而過」。

其實，有不少潛在的消費需求還沒有被企業所發現，只要找到消費者新的消費需求，才會開發出有前途的新產品和新市場。對於某些市場來說，你應當主動去創造需求。在上面這個故事中，正是由於哈利送給觀眾一包免費的鹹花生，才使觀眾覺得口渴，對飲料形成了需求，進而也就形成了市場。

需求創造原則認為，需求並非一成不變或有一定限度，它可以透過企業的努力去擴展和創造。創造需求理論要求決策者要擁有最廣闊的視野，透過精確的市場調查和分析，運用新思維，挖掘出隱藏在消費者內心深處的潛在需求，進而果斷地實施心理需求攻勢，引導消費者把潛在的需求變成現實的需要，這樣才能創造出新的需求增長點，開拓新的市場。

創造需求原則要求企業明確需求的可創造性。首先，需求具有多樣性，它是不斷發展具有一定的層次性。需求會隨著社會和經濟的發展以及科技的進步而變化；其次，由於一些企業根本不考慮某些需求的存在，也不去進行調查分

析，而是一味地堅持自己的想法，固執己見，導致有些需求實際存在，但卻沒有被企業所發現或不被企業所關注；第三，企業要去挖掘、去引導潛在的需求，即連顧客自己也不知道存在的需求。

另外，創造需求還要求企業懂得怎樣創造需求，即發現出、創造出、提供出什麼樣的價值，企業必須保證顧客所要求的利益在顧客心中是最有價值的，即真正解決顧客的實際問題和滿足顧客切實需求的服務。化妝品提供的利益是「美麗」，企業應該站在顧客的角度去考慮問題，把「售貨處」變成「購貨處」，進而變成「使顧客心情愉悅的地方」來對待，那麼，企業就一定會創造並獲得更多的需求。

實踐證明，消費者的需求是企業生存發展的關鍵，市場變幻莫測，企業要不斷地去發現、挖掘和創造消費者的需求，開拓創新，抓住轉瞬即逝的機會，產生聯想，引發靈感，進而採取行動，來滿足消費者的潛在需求。這可以說是一個成熟的企業在以後的發展中必須認真思考的問題。

溫德爾・斯密：美國著名行銷學家。溫德爾・斯密透過對一些企業的市場行銷實踐經驗的總結，於1956年提出了「市場細分」這個新理論。市場細分是指企業根據消費者之間需求的差異性和類似性，把一個整體市場劃分為若干個不同的消費者群體（子市場），並從中選擇一個或多個子市場作為企業的目標市場的活動過程。這一理論的出現，使人們從原來的「泛行銷」中解脫出來，開始重視市場行銷中的市場區隔與差異化。

三塊西瓜——放棄蠅頭小利

想要成為一名成功的行銷者，就要有戰略的眼光，要學會放棄，只有放棄眼前的蠅頭小利，才能獲得長遠的高額利潤。

一個青年請求一個阿凡提教給他成功的秘訣。阿凡提把3塊大小不等的西瓜放在青年面前：「如果每塊西瓜代表一定程度的金子，你選哪塊？」

「當然是選擇最大的那塊！」青年毫不猶豫地說。阿凡提微微一笑，說：「那你先請吧！」青年拿到了最大的一塊，而阿凡提自己卻吃起了最小的那塊。很快阿凡提就吃完這一塊了，隨後拿起桌上的最後一塊西瓜在青年眼前晃了一下，大口地吃了起來。

青年馬上明白了阿凡提的意思：阿凡提吃的西瓜雖然不比青年吃的西瓜大，卻比青年吃得多。如果每塊西瓜代表一定程度的金子，那麼兩塊西瓜加起來阿凡提占的自然比青年多。

行銷智慧

著眼長遠，放棄蠅頭小利，蓄勢待發，一舉成功。想要成功，就要學會放棄。只有放棄眼前利益，才能獲取長遠厚利。這也是行銷的成功之道。人生在世，要學會放棄那些應該捨去的東西，不放下你無用的東西，又怎能拿得有用的東西呢？其實，我們在堅持自己的執著時，往往需要付出一定的代價，而這

些付出的代價其實也就是放棄。老天是公平的，造物主不會讓一個人把所有的好事都占盡，魚和熊掌不可能兼得的，有得必有失，這是個亙古不變的道理。從這個角度來說，任何獲得都是要以失去為代價的。

很多時候，我們認為眼前的利益是最主要的，可是等到把事情做完後才發現原來需要耗費那麼多的精神和時間。用同等的精力和時間去做別的事情，全部的利益也比做一件事情來得多許多。想要成為成功的行銷者，就必須要有戰略的眼光，要學會放棄，只有放棄眼前的蠅頭小利，才能獲得長遠的大利。

SONY前總裁著名企業家盛田昭夫在日本站穩腳跟後，開始向美國進軍。1956年2月，盛田昭夫又踏上美國的土地。這是他第100次橫跨太平洋，尋求產品的銷路。

盛田昭夫帶著小型的晶體管收音機，穿梭街巷，登門拜訪那些可能與SONY公司合作的零售商。經過一番努力，再加上收音機本身小巧玲瓏，攜帶方便，選台自由，不打擾人。很快地這種「小寶貝」為美國人所接受。小型晶體管收音機的銷路迅速地打開了。

有一家叫寶路華的公司表示樂意經銷，一下子就訂了10萬台，但附有一個條件，就是把SONY更換為寶路華品牌。盛田昭夫拒絕了這樁大生意，他認為絕不能因有大錢可賺而埋沒SONY的品牌。寶路華的經理對此大惑不解：「沒有人聽過你們的名字，而我們公司是50年的著名品牌，為什麼不藉用我們的優勢？」

盛田昭夫理直氣壯地告訴他：「50年後我的公司一定會像你們公司今天一樣著名！」成功的行銷者之所以能創造好的業績，是因為他們都具有廣闊的視野和長遠的目標，不為小利所動，注重行銷的長遠利益。如果盛田昭夫當時在

開拓美國市場時,為了眼前的利益而將自己的品牌更換為別人的品牌,那麼以後SONY在美國的損失是難以估量的。

林尚沃闡述:「商業的另一個特點就是變化,無窮無盡的變化,這就需要一個商人能夠洞察未來可能發生的千變萬化,以此來決定自己的進退。有的人是典型的逐利之人,哪裡有錢就往哪裡去,只盯著眼前的利益,並以此作為他們的經營之道,挖空心思去追趕市場潮流,最後聰明反被聰明誤。所以說,如果要做大買賣,至少要能夠根據5年之後的情況來確定自己的經營策略。凡是想賺大錢的人首先要使自己心胸、視野變得比山高、比海深,只有這樣才能得到更長遠、更大的利益。人的修養達到這種程度,富貴就不難求。」

總之,身為企業行銷者,如果沒有長遠的眼光,沒有暫時放棄眼前利益而著眼於未來的謀劃,就談不上什麼根本利益、長遠發展!

大衛‧奧格威:1911年出生於英國,是現代廣告業的大師級傳奇人物,他一手創立了奧美廣告公司,開啟了現代廣告業的新紀元。奧格威被《時代》週刊稱為「當今廣告業最搶手的廣告奇才」,被《紐約時報》稱為「現代廣告最具創造力的推動者」。法國一家著名雜誌稱他為「現代廣告的教皇」,並將他與愛迪生、愛因斯坦等並列為對工業革命最有貢獻的人物。其著作《奧格威談廣告》,在全球被作為廣告人的基本教材之一,頗受歡迎。《一個廣告人的自白》也是一本全球廣告行業的經典之作,曾引領無數人進入廣告行業。

島村的原價銷售
——先抑後揚行銷法

欲取先予，先給予顧客實惠，然後再掏顧客腰包，這種充滿創意的行銷經可謂高明之舉。

　　日本東京的島村大樓業主，島村產業公司及丸芳物產公司董事長島村藝雄，原是一個薪資微薄的包裝材料廠店員。島村深知自己要在激烈競爭的繩索生意中佔一席之地很不容易，為了開闢市場，他採取一年完全免費為用戶服務的「原價銷售」策略。他去麻產地岡山的麻繩商場，以每條5角的價值進貨，再以原價出售給東京一帶的紙袋工廠，這樣讓利於紙袋工廠的生意做了一年後，島村的繩索確實便宜的消息傳播開了，大量訂單自動找上門來了。

　　因為有了大批客戶和大量訂單，於是島村的腰桿硬了起來，他拿著進貨的收據找到訂貨客戶訴說：「到現在為止，我1分錢也沒有賺你們的。如果這樣繼續為你們服務的話，我只有破產的路可走了。」客戶為他的誠實經商做法所感動。願意把交貨價格提高到5角5分。於是他又去了岡山找麻繩廠商洽談：「你賣給我每條5角，我一直以原價賣給別人，因此才得到這麼多的訂單，如果這種無利而賠本的生意讓我繼續做下去的話，我只有關門倒閉。」岡山的麻繩廠看到他開給客戶的收據存根，這是他們第一次遇到這種不賺錢做生意的。於是答應一條降到4角5分。

　　這樣，由於他的訂貨量很大，以當時他一天1000萬條的交貨量來計算，他一天的利潤為100萬日元。開業兩年後，他成了遠近聞名的企業家。

行銷智慧

島村生意的興旺，是先讓客戶獲利，而後自己獲利豐厚。古人說：「欲取之，必先予之。」這種先讓利於人，爾後得利於己，兼顧同行的方法便是行銷上的迂迴之計的上乘表現。先以薄利贏得客戶與聲譽，等時機成熟再抬價賺取厚利。由於良好的聲譽和消費者的行為慣性，這一招往往很管用。

柯達公司也曾採取過「先讓你賺小頭，我再來賺大頭」的類似策略。柯達公司20世紀80年代在27個國家推出大眾化自動相機時，它公開宣佈允許仿造，這使相機的普及率大大提高，柯達也由於仿造者的出現而利潤有所下降，柯達此時轉產底片，相機的普及造成對底片的大量需求，柯達因此而大賺一筆。先把利益拋出去，拐個180度的大轉彎，更多的利益便跑回來了。先給客戶讓利，爭取日後回報。

希歐多爾‧李維特：哈佛商學院教授，被公認為現代行銷學的奠基人，在1985年到1989年期間擔任《哈佛商業評論》的第8任主編。1925年出生於德國，10歲時隨全家移居美國，參加過第二次世界大戰，後執教於北達科他大學，1959年加入哈佛商學院。除了「麥肯錫獎」之外，他的《行銷創新》一書獲1962年度管理學院傑出商業書籍獎；1969年獲商業新聞約翰‧漢考克獎；1970年獲「年度行銷人」查理斯‧庫利奇‧帕林獎；1978年獲得全美行銷協會傑出貢獻獎以及1989年國際管理理事會威廉姆‧M‧麥克菲利獎。

黑人化妝品的誕生
──市場細分的妙用

針對性選擇細分市場，根據目標顧客的特點開發優質的產品、提供周到的服務，可以說是最有效的行銷策略。

20世紀60年代，美國的黑人在種族歧視下，處在社會的最底層，生活大都貧困潦倒。儘管當時美國化妝品市場發展得很好，卻幾乎都是針對白人而生產，黑人想要使用，只能從僅有的幾種黑人、白人通用的品牌中進行選擇。

一個叫詹森的人注意到了這種情況，於是到化妝品生產商和美國黑人中去進行調查。生產商認為：美國黑人中懂得化妝和有能力購買化妝品的人實在太少，開發專供黑人使用的化妝品一定沒有市場。黑人則是不同的意見：有人說應付家庭開支都力不從心，哪裡還會顧得上化妝品這類的消耗品。

經過市場調查，詹森決定，針對這一市場，開發黑人專用的化妝品。剛開始他的生意清淡，但隨著美國黑人人權高漲，地位也得到提升，使用化妝品的人越來越多，詹森的黑人化妝品也越來越暢銷。數年之後，他的公司成為世界著名的跨國企業，我國市場上的「黑人牙膏」就是該公司的產品。

行銷智慧

在世界經濟日益一體化的今天，成千上萬家企業在同一個市場上做激烈地競爭，如何在競爭中獲勝，如何提高商品的市場佔有率使企業不斷發展壯大，是關係每個企業生死存亡的大問題。這就需要企業在制定市場行銷戰略時進行

合理的市場細分。企業首先透過市場調查和研究然後再進行市場細分，就可以瞭解到不同的消費群體的需求情況和目前被滿足的情況，在被滿足水準較低的市場組成部分，有可能存在著最好的市場空間。

根據消費者的需求、習慣愛好與購買動機的不同，把市場細分為不同類型的消費群體，每個消費群體就構成了企業的一個細分市場。這樣，市場就被分割成了若干個細分市場，每個細分市場都是由需求和願望大體相近的消費者組成。在同一細分市場內部，消費者需求大體相同；不同細化市場之間，則存在著明顯的不同。企業可以根據自身的條件，選擇適當的細分市場為目標市場，並依此擬定本企業的最佳行銷方案和策略。

同時，要注意的一點是，細分市場並不是越細越好。如果細分過細，一是增加細分變數，給細分帶來困難；二是影響效益規模；三是增加成本。這時就要實施「反細分化」策略，即減少細分市場的數目，省略某些細分市場或者把幾個太小的細分市場組合在一起。「反細分化」策略，要有利於降低成本和費用，擴大產品的適銷範圍，增加銷售，提高經濟效益。透過市場細分，找到市場空白點，迅速開發新品滿足需求，是企業迅速壯大、不斷擴展的最佳途徑。

羅伯特・勞特朋：美國行銷學者，整合行銷傳播理論的奠基人之一，現為北卡羅萊納大學廣告學教授。羅伯特・勞特朋於1990年，在其《4P退休4C登場》專文中，提出了以顧客為中心的4C行銷組合，即顧客、成本、方便、溝通。他說，應把產品放在一邊，去研究顧客的需要和欲望，不要賣你製造的產品，而要賣顧客確定想購買的產品；暫時忘掉定價策略，而應著重去瞭解滿足顧客的需要和欲望所要付出的成本；忘掉流通管道策略，而應去考慮如何給顧客最大的方便讓他們來購買產品；最後忘掉促銷給顧客的刺激，應給予他們尊重並與他們做良好的溝通。

第二章

攻心爲上，攻城爲下：

行銷心理戰

「不許偷看」
——引起客戶的好奇心

利用人們的好奇心，採取以「奇」取勝的獨特方式，激發出人們的好奇感，是贏得客戶的一種行銷招術。

一家酒吧的主人在門口放了一口缸，裡面放上酒，蓋上一塊布，並在上面引人注目地寫著：「不許偷看！」

周圍無遮無攔，路過的行人都禁不住好奇心的驅使，停了下來想看個究竟。等打開布看完之後不禁令人大笑。原來缸裡寫著：本店有與眾不同、清醇芳香的美酒，一杯5元請享用。

一些大呼「上當」的人，酒癮頓生，情不自禁地品嚐了，果然口感不錯。一傳十，十傳百，許多人都來此酒吧一飽口福。

行銷智慧

人們對於越是被禁止的事情，都會有一種強烈的窺探心理，恨不得一睹為快，這就是人的「好奇心」。好奇心是人們普遍存在的一種行為動機，顧客做出的許多購買決策大多都是受好奇心的驅使。美國傑克遜州立大學的一位教授說：「探索與好奇，似乎是一般人的天性，對於神秘奧妙的事物，往往是大家

所熟悉、關心的注目對象。」

那些不為顧客熟悉和瞭解的東西或者是與眾不同的東西，往往會引起他們的注意。在行銷活動中，利用人們的好奇心，採取以「奇」致勝的獨特方式，激發出人們的好奇感，是贏得消費者的一種巧妙的行銷招術。

香港一家專營膠粘劑的商店，為了推廣一種新型「強力萬能膠水」，商店老闆用膠水把一枚價值千元的金幣粘在牆壁上，聲稱：「誰能把金幣拿下來，金幣就歸誰。」一時間，該店門庭若市，嘗試者絡繹不絕。可是，每個人都費了九牛二虎之力，也不能取下金幣。有一位自詡「力拔千鈞」的氣功師專程趕來，結果也是徒勞無功。強力萬能膠水的良好性能就這樣傳播開來。

實際行銷工作中，行銷員應該首先喚起顧客的好奇心，引起顧客的興趣，然後從中道出行銷商品的品質與性能，這樣才能順利地轉入面談階段。喚起好奇心的方法五花八門，可以進行靈活選擇，盡量做到得心應手、運用自如。

上世紀60年代，美國有一位非常成功的行銷員喬・格蘭德爾。他有個非常有趣的綽號叫做「花招先生」。他拜訪客戶時，會把一個3分鐘的蛋形計時器放在桌上，然後說：「請您給我3分鐘，3分鐘一過，當最後一粒沙穿過玻璃瓶之後，如果您不要我再繼續講下去，我就會離開。」這樣，就可以讓他有足夠的時間讓客戶靜靜地坐著聽他講話，並對他所賣的產品產生興趣。

製造懸疑，引起對方好奇，然後再順水推舟的介紹產品這也是成功的行銷手段。比如一位人壽保險代理商一接近準客戶便問：「5公斤軟木，您打算出多少錢？」「我不需要什麼軟木！」客戶回答說。

「如果您坐在一艘正在下沉的小船上，您願意花多少錢呢？」由此令人好奇

的對話，可以引發顧客對於保險的重視和購買欲望。

在行銷當中，行銷員若能做到激起顧客的好奇心，使顧客迫切地想知道他說的那個好東西究竟是什麼，那麼顧客的貪婪心也上來了，行銷也就是舉手之勞的事。若在必要時，行銷員又不失時機的加以產品示範，進而證實那東西確實不錯，使顧客根本沒有機會產生任何拒絕的想法，行銷的成功就會更大。

運用引發好奇的謀略，前提條件是建立在商品品質優異之上。否則，僅輔以奇特的招術，就想讓劣質品的生意興隆起來，那是根本不可能的。

史丹立‧田納本：從1983年起，擔任西北大學的麥迪爾新聞研究所副教授，目前主持廣告暨整合行銷傳播的講座並在「美國廣告同業協會」、「廣告協會」和「國家廣告評論會議」服務。20世紀90年代，與唐‧舒爾茲、羅伯特‧勞特朋等學者合作推出了一本全面顛覆傳統行銷傳播理論的著作《整合行銷傳播》，提出「4P（產品、價格、管道、促銷）已成明日黃花，新的行銷世界已經轉向4C了」。

一筆生意賺兩筆錢
——適時說「不」未嘗不可

在行銷的過程中，有技巧地說「不」，看似妥協和放棄，實際上是變相的進攻和爭取。

有一位商人，在他的手頭上有一幢大樓要出租，消息一傳出，立即引起了兩家實力雄厚的大公司濃厚的興趣。因為他們都想租到這幢地段良好、環境優美、裝潢考究的大樓。

兩家公司的老闆事先都跟這位商人進行了初步溝通，表示願意租下這幢大樓，而且甲公司願意租下全部的12層，價格要比乙公司高出四分之一多。商人想了想，對他的助理說：「幫我打電話告訴甲公司和乙公司，就說我們只能下次合作了……」

助理好奇地問：「你為什麼不把樓房租給甲公司呢？還有誰會出這麼高的價錢呢？」

商人笑了笑說：「這個先保密，你只管照我的話做就是了！」

兩位公司的老闆強烈要求面見商人，3個人在屋子裡悶坐了幾個小時，最後兩位公司的老闆相互妥協，達成一致，他們各自以甲公司原來的價格租下房子

的一半。商人一下子淨賺了幾倍。

助理：「我的天啊！您是怎麼說服這兩個人的！他們的出價竟然還是原來的高價，卻只租到一半的房子！太不可思議了！」

商人笑笑說：「我什麼都沒有做，我只是告訴他們：『不，我不能把房子租給你們中的任何一個，這讓我為難！』剩下的就是他們在幫我談判！」

行銷智慧

商人的一個「不」字讓他淨賺了幾倍的錢，我想這個結果也是你預料之外的吧！在行銷談判場合，我們需要根據自己的實力表明自己的態度，不要為了自己的面子，更不要為了別人的情面而羞於說「不」。有技巧地說「不」，不僅不會刺傷對方，還會有助於行銷成功。

每個人都有說「不」的權利，在行銷談判時面對客戶說「不」，不管出於什麼原因都是無可厚非的，不要勉強自己硬撐著，放棄這個權利。有的行銷者認為「客戶永遠是對的」，因而對他們的要求不敢說半個「不」字。可是對於你的讓步和「客氣」，別人不會心存感激，反而會得寸進尺。最後，你會舉步維艱，形同舉著一塊要砸自己腳的大石頭。

當然，在行銷合作中，利益衝突總是居多，你必須考慮到你的「不」給行銷帶來的不利影響。如果因為一個「不」字就讓談判「破裂」那就不好了。「不」因其乾脆俐落，確實讓滿懷期待的一方難以接受，也因此很容易讓談判陷入僵局，不利於行銷談判的順利進行。

其實，你沒有必要斬釘截鐵地說出「不」字，不妨嘗試一下沉默、迴避、

拖延等手段，「無可奉告」是一個很管用的詞，「心有餘而力不足」更是客氣，「事實會證明的」也很委婉……你可以岔開話題，甚至可以出個無傷大雅的小謊：「我只是替人賣力，做不了這個主，等我回去請示再說，可以嗎？」

至少說「不」的時機，最重要的是你要確定你的拒絕能讓你處於主動優勢。故事中的這位商人之所以成功，就在於他的「不」字為他形成了賣方市場，兩個買方競爭、價格勢必上漲，再加上「折中調停」，他自然能一筆生意賺兩筆錢。在時機不當的時候說「不」，就等於自我放棄還有轉機的生意；在恰當的時候說「不」也不是鼓勵你和對手辯論、較勁；有技巧地說「不」，看似妥協和放棄，實際上是變相的進攻和爭取。

唐・舒爾茲：世界最著名的行銷大師之一，戰略性整合行銷傳播理論的創始人，現任美國西北大學整合行銷傳播教授。為《直效行銷期刊》編輯、「全美促銷行銷協會」總監，並獲「直效行銷教育基金會」第一屆「年度最佳直效行銷教育家」殊榮。其經典著作有：《整合行銷傳播》、《戰略性廣告活動》、《廣告戰略精華》、《銷售促進精華》、《銷售促進管理》、《測量品牌傳播的投資回報率》和《戰略性報紙行銷》。尤其是《整合行銷傳播》一書中提出的戰略性整合行銷傳播理論，成為20世紀後半葉最主要的行銷理論之一。為此，他被譽為「世界整合行銷傳播之父」。

吉列的價格定位
——互補定價

互補定價是指透過一定程度地降低核心產品的價格進而吸引更多的顧客，同時卻相對提高周邊產品價格的一種「定價策略」。

美國吉列刮鬍刀片公司原來只是一家默默無聞的小公司。而現在，吉列公司生產的刮鬍刀片已暢銷全球。

在1860年以前，僅少數人會修整自己的臉。直到歐洲商業復興之後，才有很多人開始注意修飾自己的儀容。但是他們不願使用剃刀，因為當時的剃刀笨重而且危險，而他們又不願花太多的錢請一個理髮師來替他們整修臉部。

於是，在19世紀後半期，有許多發明家都爭先恐後地推出自己發明和製造的「自己來」刮鬍刀片，來吸引消費者。

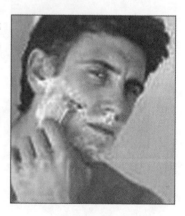

然而，由於價格太高，一把最便宜的安全刮鬍刀也需要5塊錢，相當於當時一個工人5天的工資。而到理髮師那裡刮一次鬍子只不過花10分錢而已，因此這些新刮鬍刀片很難賣出去。

但吉列公司在銷售產品時卻採取了一種新的方式，他們並不是「賣」刮鬍刀，而是「送」刮鬍刀。吉列公司把價格定在55分錢，這還不到製造成本的1/5。不過吉列公司將整個刀座設計成一種特殊的形式。只有吉列的刮鬍刀片才

能適合這種特殊的刀座。

每支刀片的製造成本只需1分錢,而它卻賣5分錢。不過消費者卻認為:上一次理髮店刮鬍子是10分錢,而一個5分錢的刀片大概可以用6次左右。也就是說,用自己的刮鬍刀片刮一次鬍子的費用還不到1分錢,只相當於1/10的理髮師費用,算起來依然是能夠接受的。

吉列公司是以顧客的心理來定刮鬍刀座的價格,而不是以製造成本加利潤來定刮鬍刀座的價格。結果,顧客付給吉列公司的錢可能要比他們買其他公司製造的刮鬍刀更多。其他公司的刀片只賣1分錢,而吉列的產品卻賣5分錢。

顧客當然也知道這一點。但吉列公司的「降價」出售刀座使他們感到愉快,他們覺得他們是花錢來買一個刮鬍刀座,而不是一件昂貴又不實用的東西。與傳統式的剃刀相比,吉列公司的刀片及刀座要安全、舒適得多。所以,不管從哪一個角度來看,吉列公司的產品總是比較合算。所以,吉列商標就自然揚名世界了。

行銷智慧

吉列公司之所以能夠將吉列品牌打出去,就是成功地採用了大多數刮鬍刀供應商從未想過的「互補定價」這一戰略。互補定價是指為促進銷售,透過一定程度地降低核心產品的價格進而吸引更多的顧客,其實卻相對提高周邊產品價格的一種定價策略,這是利用價格對互補產品消費需求的調節功能來全面擴展銷售量所採取的定價技巧。

吉列公司正是有意地廉價出售刮鬍刀座,吸引人們大量購買,然後再提高刮鬍刀片的價格,讓人們不得付出更多的後續成本,以此取得產品利潤的全面

增長。對互補產品定價時，要有意識地降低互補產品中消費者對降價比較敏感的、購買次數少的產品價格。另一方面，要有意識地提高互補產品中需要多次重複購買、消耗最大、消費者對其價格上漲反應又不太敏感的產品價格。

在進行互補定價還要注意以下幾點：

一是產品要具有互補性，互補定價可以用於對兩種以上的產品進行定價，但這兩種或兩種以上的產品屬於互補性產品，必須配套出售。

二是產品或服務具有別人不可提供的優勢，這樣，企業就可以在實行互補定價時，不必擔心因某一個產品的定價過高而失去顧客。

三是適度地提高價格，所謂的價格互補，必然在產品組合中，有一種只適宜低價，而另一種則是可以透過提高價格來獲得更多的利潤，但是，對這種產品價格的提高應是適度的，否則將會得不償失。

海蒂·舒爾茲：美國著名品牌專家，愛格瓦行銷諮詢公司執行主席。海蒂·舒爾茲在媒體管理、直效行銷、媒體研究與策略規劃方面具有廣泛的專業背景，先後在芝加哥雜誌的出版商和在克雷恩交流公司做推廣和市場研究工作，也執教於西北大學並進行過美國生產力和品質中心的基準研究，經常進行有關市場和品牌推廣交流的演講。

拋棄型隱形眼鏡的報價
──善用價格分解

價格永遠是顧客最敏感的問題。高明的行銷員常常採用暗示價格「不貴」的語言對顧客巧妙報價。

美國強生公司於1996年到北京和上海兩地開闢拋棄型隱形眼鏡市場，剛開始遇到了很大的困難。當時的隱形眼鏡市場幾乎被博士倫、衛康、優仕幾個品牌所壟斷，博士倫甚至已經成了隱形眼鏡的代名詞。

拋棄型隱形眼鏡，顧名思義，就是指戴上一個月就需要另換新的，即使沒有壞也得廢棄不用，這種消費觀念一時不被人理解。更為敏感的是這種隱形眼鏡用量大、費用高，每年光鏡片就得花680元，而其他類型的隱形眼鏡只需要280元～400元。

由於以上原因，拋棄型隱形眼鏡在一開始的一個月裡沒有賣出幾盒。於是公司便採用價格分解法，計算出每天的消費支出，這樣價格差距就顯得不是很大了。他們在向顧客進行行銷時說，「使用這種產品每天只多花幾毛錢，但你可以獲得很多好處，如健康衛生，也不因眼鏡片遺失增加負擔，這很值得，是不是？」顧客很快就被說服了。

利用這種方法，強生的產品很快就走入了市場。

行銷智慧

價格分解就是把產品的單位進行分解，報小單位的價格。即當我們給一種價格比較高的產品進行報價時，不要說「這個產品1件200元」，而要說「這麼好的產品1支才5元」。因為整件報價不易換算成單價，而且整件價目大，一時之間會給人留下高價的印象。

有時因價格太高，行銷員四處碰壁，這時就不得不玩點價格分解這樣的「雕蟲小技」了。比如你身為一名公司的行銷員，要為公司銷售一種美容產品，售價為88元／盒。而同類名牌產品的售價還不到50元／盒。這時你就可以進行「拆細報價」。

如果顧客問：「為什麼你的產品比別人貴這麼多？」你可以說：「同類美容產品都是草本製劑，即一些中草藥。而這個產品是生物製劑，是用鹿胎、烏骨雞等做成的，吃『肉』和吃『草』當然不一樣了。再說，其他產品一個療程要服用4盒，近200元；而我們的產品2盒就是一個療程，還不到180元，買我們的產品還是划算的。」經過這麼一解說，為顧客這麼一精算，他們一定會痛痛快快地接受你的產品。

> 巴巴拉・本德・傑克遜：「關係行銷」的積極宣導者，關係行銷培訓師。1985年，巴巴拉・本德・傑克遜強調了「關係行銷」在行銷中的重要性，傑克遜認為，關係市場行銷將使企業獲得較之其在交易市場行銷中所得到的更多。精明的市場行銷者總是試圖與其顧客、零售商、經銷商、供應商等建立起長期的互信、互利關係。

杯酒釋兵權
——適當施壓有必要

在行銷談判中，給予對方適當的施壓是必要的。

趙匡胤從後周手中奪得江山之後，帶領大軍一路南征北戰，基本上統一了中原。後來揮師南下滅了南唐，於是便「刀槍入庫，馬放南山」，過起了太平的日子。同時趙匡胤漸漸地對那些出生入死的兄弟們產生了戒心。他們不但與自己分享榮華富貴，而且個個手握兵權，若一旦有哪個嫌自己的烏紗帽太小，發難造反，後果可是不堪設想啊！

但要向眾弟兄下手，又怕天下人為他們鳴不平。且每位弟兄手下都有一大批親信，若向他們下手，激起他們手下叛亂，自己的皇位也是難以坐穩。怎麼辦呢？想來想去，他想到了酒。以酒掩臉，讓眾弟兄交出兵權。大家若照辦，這事就解決了。若有人發難反對，就用酒醉的瘋言瘋語掩飾過去。

第二天，他召來手握兵權的兄弟們，飲酒談笑，開懷暢飲，直喝到紅日西沉，個個眼亮臉紅。趙匡胤覺得時機已到，於是講起往事，最後嘆一口氣說：「若永遠生活在那段日子裡多好！白天廝殺，夜晚倒頭就睡。哪像現在這樣，夜夜睡覺不得安寧。」

眾兄弟一聽，關心地問：「怎麼睡不穩？」趙匡胤說：「這不明擺著嗎？我們都是兄弟，我這個位子誰也該坐，而又有誰不想坐呢？」大家面面相覷，感到事態嚴重，想到劉邦得天下後逐個殺功臣的典故，一個個膽戰心驚，跪在地上說：「不敢。」

趙匡胤看預期效果達到，便順勢說道：「你們雖然不敢，可難保你們手下人不這麼想。一旦黃袍加在你們身上，就由不得你們了。」大家一聽，已明白趙匡胤在猜忌大夥了，嚇得在地上叩頭不敢起身，求趙匡胤想個辦法。趙匡胤說：「人生苦短，大家跟我苦了大半輩子，不如多領點錢，回家過個太平日子，那多幸福。」大家忙點頭說：「聽皇上吩咐。」

翌日，那些舊日的功臣們便一個個請求告老還鄉，交出兵權，領到大批金銀財寶，回家過起了富足的生活。

行銷智慧

趙匡胤「杯酒釋兵權」的故事可謂是溫柔地進行施壓的成功之作。趙匡胤要解除那些將領的兵權，必定要對他們施加壓力；但過於激進的行為也許會逼他們造成，所以行為要「溫柔」，要穩定他們的情緒，給他們一個臺階下。

在行銷談判中，一味退讓會讓對方自覺有恃無恐，答不答應要看他高不高興，主動權在對方手中；而進行適當的施壓，主動權在我們手裡，「溫柔」只用作臺階，讓對方不失面子，實質上他是非順從不可的。

陳安之：1967年12月28日出生於中國福建省，世界頂級成功激勵大師與頂尖的行銷大師，5項世界銷售紀錄的保持者，27歲即透過自我奮鬥成為億萬富翁。主要著作有《賣產品不如賣自己》、《創業成功的36條鐵律》、《如何做個賺錢的總裁》、《把自己激勵成「超人」》、《自己就是一座寶藏》、《為成功改變環境》和《跟你的產品談戀愛》、《絕不裸奔》等。陳安之說：「一個人要成功，一定要研究方法，想要長遠地贏得成功，一定要立德、崇德！」

黃忠「寶刀不老」
──妙用激將法

激將行銷，指行銷員採用一定的語言技巧刺激顧客的自尊心，使顧客在叛逆心理作用下完成交易行為。

三國時期，曹操大兵壓境，劉備手下別無良將，急需老將黃忠橫刀立刻馳騁疆場。黃忠雖答應領兵抗敵，但諸葛亮對於老將黃忠此行能否一舉成功還不放心，便故意阻止黃忠出馬，並感嘆黃忠已非當年，以此激發他的殺敵勇氣。

諸葛亮說：「老將軍雖然英勇，然夏侯淵非張合之比也。淵深通韜略，善曉兵機，曹操倚之為西涼藩蔽：先曾屯兵長安，拒馬孟起；今又屯兵漢中。操不託他人，而獨託淵者，以淵有將才也。今將軍雖勝張合，未卜能勝夏侯淵。吾欲酌量著一人去荊州，替回關將軍來，方可敵之。」

此話顯然並非諸葛亮之本意，其目的在於激起老將黃忠出戰必勝的決心。果然不出諸葛亮所料，一番話激起了老將黃忠的自尊，他把大刀舞得飛輪似的轉，並奮然答曰：「昔廉頗年80，尚食斗米，肉10斤，諸侯畏其勇，不敢侵犯趙界，何況黃忠未及70乎？軍師言我老，吾今不用副將，只將本部兵3000去，立斬夏侯淵首級，納於麾下。」事後，諸葛亮對劉備說：「此老將不著言語激他，雖去不能成功。」待到老將黃忠揮刀上陣，果然所向披靡，勢如破竹。他先斬兩員魏將，後又揮軍掩殺數十里，贏得了「寶刀未老」的美譽。

行銷智慧

從這個故事可以看出，激將法只要使用恰到好處，適時適度，就會收到妙不可言的效果。在行銷過程中也是如此，好勝之心人皆有之，激發得當有利行銷。使用激將行銷法，可以減少顧客異議，縮短整個成交階段的時間。如果對象選擇合適，更易於完成行銷工作。

一次，一對外商夫婦進入高雅的珠寶商店，看到一枚翡翠戒指，色彩悅目、做工精細，愛不釋手，但嫌價格太貴，猶豫不決。接待小姐見此情形，笑著對他們說：「你們真有眼光，上個月某國總統夫人也曾來看過，讚賞不止，只因價格太高，沒買。」這對夫婦聽完接待小姐的介紹，心想，總統夫人都嫌貴買不起，我們買下來，豈不是比總統夫人更富有？好勝心的驅使，激發了購買行動，便立刻掏出信用卡買下這枚價值不菲的戒指，而且還得意非常。

珠寶店的生意做了，這對夫婦亦獲得了心理滿足，真是兩全其美，這就是勸將不如激將的神奇效果。如果那位接待小姐從正面勸說，那對夫婦未必能下決心買下那枚翡翠戒。而反面的激將法，倒促使他們下了決心。因為人都有自尊心、榮譽感，當他聽說某總統夫人也喜歡這枚翡翠戒指，但因為太貴沒買時，強烈的自尊、爭強心就被激發了出來。

當顧客已出現欲購買信號，但又猶豫不決的時候，行銷員不直接從正面鼓勵他購買，而從反面用某種語言和語氣暗示對方缺乏某種成交的主觀或客觀條件，讓對方為了維護自尊而立即下決心拍板成交。如對顧客說：那套產品比較高級，對您可能貴了一點，要不你選這一套吧！經濟實惠。還有就是刺激顧客的攀比心理，可以對顧客說：這套產品，昨天XX集團總裁夫人買了一套，張太太，像您這麼有身分的人，應該用這種名牌產品。

人都是有個性的，有些人比較要強，行銷員就要善於把握人性的弱點。例

如有些超市經營的比較好，老闆自以為是，你磨破嘴皮，他仍對你的產品不感興趣。對這種客戶，不妨改變方法，突然給他一個強烈的反刺激，說不定能使你有意想不到的效果。但是，由於激將行銷法的特殊性，使得它在使用時，因時機、語言、方式的微小變化，可能導致顧客的不滿、憤怒，以致危及整個行銷工作的進行，因此必須慎用。

首先要看準對象。激將法有一定的適用範圍，一般來說，適用於那些社會經驗不太豐富、虛榮心強或是愛面子，且容易感情用事的客戶身上。對於那些老謀深算、辦事穩重、富於理智的客戶，激將法是難以發揮作用的。同時，激將法也不適用於那些做事謹小慎微、自卑感強、性格內向的人。因為語言過於刺激，會被他們誤認為是對他們的挖苦、嘲笑，並極可能導致怨恨心理。所以，選擇好對象是激將法行銷成功的第一要義。

另外，激將時要講究使用語言的分寸。鋒芒太露和過於刻薄的語言，容易使客戶形成對抗心理；而語言無力，不痛不癢，則又難讓客戶產生購買的興趣。因此，在使用激將法時，一定要注意言辭的分寸，既要防止過度，又要避免不及。

艾略特・艾登伯格：美國行銷學家，2001年在其《4R行銷》一書中，提出4R行銷理論。4R理論是以關係行銷為核心，重在建立顧客忠誠，它闡述了4個全新的行銷組合要素：即關聯、反應、關係和回報。4R行銷理論的最大特點是以競爭為導向，著眼於企業與顧客互動與雙贏，不僅積極地適應顧客的需求，且主動地創造需求，透過關聯、反應等形式與客戶形成獨特的關係，把企業與客戶聯繫在一起，形成競爭優勢。

當你感到恐懼，你就承認
——消除對大人物的恐懼

在行銷過程中，無論你面對小人物還是大人物，一旦你害怕，你就要想起這句話：當你感到恐懼，你就承認。

有人曾問過美國金牌推銷員喬‧庫爾曼，在向大人物行銷時有沒有害怕過？

喬‧庫爾曼說，不只是害怕，簡直是驚恐。那是很多年以前的事了，在剛從事行銷保險這一行業時，喬‧庫爾曼一想到要會見那些大人物，就感到手足無措。他害怕，甚至因此不想出門。但是他知道想要在行銷保險上成功，必須跟大人物打交道。

喬‧庫爾曼所面對的第一個大人物是休斯，一家大型汽車公司的總裁，經過多次預約才獲批准接見。剛踏入休斯那裝飾豪華的辦公室，就緊張得不得了，連說話的聲音都發起抖來。過了一會兒他不再發抖，但仍然緊張，話也說不完整。休斯看著他，感到很驚訝。

他結結巴巴地說：「休斯先生……啊……我早想來見您了……啊……現在終於來了……啊，可是我很緊張，不知道該怎麼跟您說。」

你也會覺得好笑，是吧？幸好，那個看起來很失敗的開場白，卻使會談繼

續下去。一旦開口，感覺就好多了，恐懼、擔心等慢慢全消失了。

休斯很友善地說：「不要緊張，放鬆一點，我年輕時也像你這樣。」經過他熱情的鼓勵，喬·庫爾曼的心裡平靜了，手腳不抖了，腦子也清楚了。

那天，喬·庫爾曼並沒有向休斯賣出保險，但卻獲得了比賣出一份保險更有價值的東西，跟休斯的見面使他深刻明白了一條原則：當你感到恐懼，你就承認。

行銷智慧

你有沒有向大人物行銷的經歷？你有沒有想過把你和你的產品介紹給那些大人物？如果沒有，這說明你還是缺乏勇氣與信心。

回首往事，往往令人遺憾萬分，因為害怕大人物，沒有勇氣去行銷，結果失去很多機會。多接觸大人物，你的行銷生涯才真正更上一層樓。承認自己害怕，承認自己緊張，反而能夠使情緒穩定。怕丟臉，死都不肯承認，這是真正的愚蠢。那些不承認自己恐懼大人物的人一次又一次被證明，他們說了大話。如果承認了這一點，那表明他已經有了克服恐懼的正確態度。

恐懼是因為勇氣不足，承認自己沒有足夠的勇氣面對大人物，並把這點牢記在心中。以後機會多了，你心中的勇氣大增，恐懼就自然消失了。

你不要僅僅因為恐懼這個愚蠢的理由而不敢冒險去爭取與大人物結識的機會。

不去試一試，你永遠無法知道自己是否有能力在行銷上更上一層樓。

　　大人物也是人，跟我們一樣沒有差別；與大人物打交道，行銷業績才能更上一層樓；當你說「我害怕」時，最可怕的時候已經過去。要知道，那些名聞遐邇的人物也是可以接近的，實際上這也正是他們可以成功的原因之一。高高在上的人是無法成功的。

　　他們也願意聽取新的建議，也喜歡和行銷員保持密切的聯繫。在行銷過程中，無論你面對小人物還是大人物，一旦你害怕，你就要想起這句話：當你感到恐懼，你就承認。

薩姆・希爾：美國希里亞斯諮詢集團的聯合創始人。他曾擔任過布茲—艾倫及漢密爾頓管理諮詢公司的首席行銷長及達西・馬西爾斯・本頓及鮑斯公司的副董事長兼策略規劃經理。他的作品曾發表在《哈佛商業評論》、《戰略與商務》、《財富》及《金融時報》等刊物上。他在《激進行銷》一書中闡述了激進行銷的概念、特點以及與傳統行銷的區別，總結了激進行銷的10條原則。

買狗──瞬間的理解和判斷能力很重要

出色的行銷人員必須具備較強的理解能力和判斷能力。

英國有位工程師和一位邏輯學家，兩人是無話不談的好友。一次，兩人赴印度參觀著名的泰姬瑪哈陵，一天，邏輯學家在飯店寫旅行日記。工程師則獨自在街頭散步，忽然耳邊傳來一位老婦人的叫賣聲：「賣狗啊，賣狗啊！」工程師一看，在老婦人身旁放著一隻黑色的玩具狗，標價300美元。這位婦人解釋說，這隻玩具狗是祖傳寶物，因孫子病重，不得已才出賣以換取住院治療費。

工程師用手掂量了一下，發現狗身很重，似乎是用黑鐵鑄造的。不過，眼睛則是珍珠。於是，工程師就對那位老婦人說：「我給妳100美元，只買下兩個狗眼，怎麼樣？」老婦人與工程師進行一翻討價還價，最終以150美元成交。

工程師高興地回到飯店，對邏輯學家說：「我只花了150美元就買下兩個碩大的珍珠！」邏輯學家一看完兩個大珍珠，發現至少也值上千美元，急忙問朋友是怎麼一回事。當工程師講完事情的經過，邏輯學家又問：「那婦人是否還在原處？」工程師回答說：「她還坐在那裡。想賣掉那隻沒有眼珠的黑鐵狗！」

邏輯學家聽後，急忙跑到街上，給了老婦人100美元，把那隻沒有眼珠的狗買了回來。工程師見後，用嘲笑的口吻說：「你呀，怎麼花100美元買了個沒眼珠的鐵狗！」邏輯學家卻不聲不響地坐下來擺弄這隻鐵狗，突然，他恍然大悟，用小刀刮鐵狗的腿，當黑漆脫落後，露出的是黃燦燦的一道金色的印跡，他高興地大叫說：「正如我所想，這狗是純金的！」

原來，當年鑄造這隻金狗的主人，怕金身暴露，便將狗身用黑漆漆過，儼然如一隻鐵狗。此時，邏輯學家轉過來對工程師說：「你雖然知識很淵博，可是卻缺乏成熟的邏輯思維，分析和判斷事情都不夠深入！」

行銷智慧

其實工程師也有自己的理解能力和判斷能力，只是職業的慣性使他這方面能力形成了定勢，所以在判斷狗身必是黑鐵之類的重金屬後淺嘗輒止，致使他與唾手可得的利益失之交臂。邏輯學家的理解判斷力也和他的身分密不可分，但邏輯學是門特殊的學科，其本身並不會對他的理解力和判斷力造成束縛，反而會增強這方面的能力，因而買到這隻全身黃金的狗，也是情理之中的事了。

在行銷活動中，身為一名行銷人員，不僅要有工程師的眼光，更應該有邏輯學家的理解力和判斷力，必須審時度勢，選擇最恰當的時機，把握最佳的機會進行行銷活動。什麼時候是最恰當的時機？什麼時候有最佳的機會？

這和行銷人員的理解能力和判斷能力是分不開的。行銷人員的理解能力和判斷能力不僅表現在對事情的把握上，更表現在資訊的收集、客戶態度的理解、企業發展的需求等方面，出色的行銷人員必須具備較強的理解能力和判斷能力，而且這種能力應該是發散性的，不受外力束縛的。

余世維：華人最權威、最資深的實戰型培訓專家之一，跨國公司職業經理人，哈佛大學企業管理博士，牛津大學國際經濟博士，美國諾瓦大學公共決策博士，香港光華管理學院、時代光華教育發展有限公司特聘高級培訓師。曾任美國雅黛公司副總裁、日航副總裁，現任上海慧泉企業管理諮詢有限公司董事、總經理，美國富頓集團中國總經理。

百事可樂借助奧運促銷
——積點優待的促銷魅力

積點的最終目標都是以建立再次購買某種商品或再度光顧某店為主。它是一種促銷手段，本身所具有的魅力有時會遠遠超過產品本身及其品牌的影響力。

「百事可樂」公司曾展開了一次比較成功的「過把金牌癮」的促銷活動。當時奧運會剛剛結束，中國代表團在這屆奧運會上取得了令中國人驕傲的成績，人民正處於群情激奮的狀態，他們其中的大部分人仍舊停留在觀看比賽時的興奮中。「百事可樂」公司於是利用這一大好時機展開促銷活動。該活動由兩部分組成，第一部分採取兌獎的方式，第二部分則採取積點優待的方式。

促銷活動的第一部分被稱作「想做贏家真容易」。消費者在購買「百事」、「七喜」等促銷包裝飲料時，只要在拉環、瓶蓋或紙杯邊緣上印製的36個不同運動項目下，揭中「金牌」、「銀牌」、「銅牌」等字樣，即可獲得相對獎項。如果揭中「金牌」字樣得5000元現金；「銀牌」字樣得500元現金；「銅牌」字樣得百事禮品裝飲料1箱；「贈飲」字樣可得相同容量百事系統飲品1份。

活動的第二部分被命名為「興趣收集，新潮手錶等你領」的積點優待活動：消費者可憑拉環、塑膠瓶瓶蓋、玻璃瓶內墊8個（也可將三者混合在一起計數），且其中的運動項目相同，即可於規定日期後的逢週六、週日到指定地點換取新潮休閒手錶一支。活動還規定，每位消費者每天兌現數量不得超過5支，手錶數量共計8萬支，換完為止。

所有獎項總值超過人民幣300萬元。

結果，在長達半年的活動時間內，所引起的消費者的迴響及其在社會上所造成的影響大大超出百事公司預料，各個兌換點前人滿為患，8萬支手錶在短短1個月內即被換領一空。百事公司不得不及時追加投入8萬支手錶。

行銷智慧

百事可樂公司將促銷活動的時間選在奧運會期間，並把促銷主題稱為「過把金牌癮」，很好地利用了奧運會在人們心中的影響力，也可以說是藉勢造事。同時將「幸運兌獎」與「積點優待」結合起來，爭取最大限度地實現「雙贏」。從百事可樂公司的這一促銷案例中可以看出，「積點優待」作為一種促銷手段本身所具有的魅力有時會遠遠超過產品本身及其品牌的影響力。

積點優待的最終目標都是以建立再次購買某種商品或再度光顧某店為主。通常採取兩種方式：一是消費者必須收集標籤、購物憑證或積分點券等證明，累積到一定數量時，就可以兌換贈品。二是消費者必須光顧某家零售店數次之後或重複多次購買某種商品，才獲得收集成組的贈品。積點優惠方式最大的好處就是它可以建立品牌忠誠度。消費者參與促銷活動，並且持續不斷地參加，這種購買行為的轉變，就為品牌忠誠度建立的基礎。另外，當品種繁多而又差異很小的品牌出現在消費者眼前，讓他們難以選擇時，舉辦積點優惠進行的促銷活動，可以塑造商品的品牌特色，尤其在零售點上，對實際銷售更有益處。

像蔬菜之類的日常食品是生活中必須的。顧客辦理月票的目的是為了多買多省，常買常省；對於商店來說，長期來買東西的顧客越多、生意越穩定、利潤也就越大。打折、獎金，這樣的銷售方式可以引來大批回頭客。購物往往都是連帶性的，月票的優惠雖然反映在買蔬菜上，但顧客上了門，就會順帶買其他商品，給商店帶來「意外的驚喜」。

消費者往往對「保證有獎品」要比「憑運氣獲獎」抱有更大的興趣，但商家在實行「保證有獎品」的促銷活動時往往需要支付很高的促銷費用。這也是商家更願意舉辦「抽獎」活動的主要原因之一。

不過，在百事公司的例子中，我們也許可以得出這樣的啟發：適當設置具有一定難度的「保證拿得到」的「積點優待」，不失為一個折中的辦法。

在採用「積點優待」促銷方式時，遊戲規則應簡單明瞭。在兌換數量的設計上，應適當設計幾個只需少量幾個點數就可以獲得的贈品，以增加消費者的信心。在活動時間的設計上也應考慮給予顧客足夠的時間。

當企業已決心投入此項促銷活動時，千萬要注意，切勿輕易終止活動，否則會失去信譽。另外還要注意的是，並非所有商品都適合此促銷方式。例如，對非經常性購買的商品就毫無效果，因為此時價錢不是消費者最關心的。

雖然積點優惠方法受消費者喜愛的程度起伏不定，但總而言之仍不失為重要且具影響力的行銷手段。

金克拉：國際知名的演說家、作家及全美公認為行銷天王暨最會激勵人心的大師，其著作《與你在巔峰相會》已成為無數公司、學校、教會、銷售組織的教科書，銷售突破155萬冊，再版58次，創美國出版之最。最後又推出暢銷書《登峰造極》、《金克拉贏家銷售心法》、《天長地久》，再度掀起全美熱潮。

SONY公司的最佳禮物
——贈送促銷也要注重方式

贈送促銷也要找對消費者的興趣點。

SONY公司於1975年推出Betamax錄影機，1979年上半年，銷售量突破百萬台。SONY公司又於同年10月6、7日在日本舉辦了全國錄影機新婚大促銷活動，由於創意新穎，獲得了空前的成功。

1979年，日本新婚者估計有100萬對，秋天舉行婚禮者約40萬對，尤其是10月7日這一天，據說是幾十年來最佳的吉日，估計全國有15萬對新人結婚。SONY公司高層早就算準了這個良機，在半年前就開始籌備錄影機的新婚促銷——「KOTOBUKI（祝賀）大作戰」。從8月開始，SONY公司在日本各大報紙陸續刊登廣告：結婚情侶登記大抽獎，10月7日結婚的情侶，由SONY公司免費贈送最佳禮物——拍成華燭盛典錄影帶。此消息一經登報，旋即萬餘對情侶蜂擁而來，競相登記。

SONY公司的新婚大促銷抽獎分兩種：A組全國上限200對，在中獎人結婚當天，由SONY公司派人前往拍攝婚禮及婚宴；B組原先定為2000對，而後再增至6000對，中獎新人的婚禮、婚宴、蜜月旅行的照片由SONY公司改拍成錄影帶。由於參加抽獎的新婚夫婦都留下了詳細的個人資料，因此，SONY經銷商即派員按地址登門拜訪並召開參觀展示會。既引起新人的興趣，又不斷刺激購買

的欲望。不僅新婚夫婦會買,而且新郎、新娘家及諸親友也會買,可謂一箭數鵰,造成SONY Betamax錄影機空前大暢銷。

對於登記參加促銷活動的準新郎、準新娘抽籤後分為3種。第一種是抽到A組的,給其寄出一個紅色信封,給B組寄出一個粉紅色信封,沒有抽到的也以灰色信封寄出抱歉信。在顧客接信兩天後,公司派人登門拜訪,贈送牛皮製上刻Betamax字樣的花瓶墊一個;並且進行該家電氣產品概況調查,以後就接二連三的打電話,訪問再訪問,這種百折不撓的精神,促使很多家庭還沒有舉行婚禮就先買下了錄影機。

在7月21日到10月23日的3個月時間,SONY公司發動各分店及有關經銷商派出店員,對其500公尺半徑商圈內產品進行免費檢查,同時分發新婚促銷宣傳單、小禮品及抽獎券。至SONY各店參觀電氣產品時,即可憑券抽獎,可抽500元至1000元左右的各種優待折價券,若當場購買SONY商品即可折抵貨款,因此,這一期間各店來客絡繹不絕,連電池、錄音帶等較小的商品銷路也倍增。

為提高顧客的購買欲望,加強顧客的購買決心,利用「顧客一句話勝過行銷員十句話」、「滿意的顧客可帶來25位希望的顧客」的推銷金言,從購買SONY公司產品的顧客中選取了對公司產品最滿意的顧客,並對這些客戶進行訪問說明新婚夫婦大促銷活動,並贈送SONY錄影機雜誌,同時,交給客戶介紹卡請其介紹親友。

SONY為了答謝客戶的介紹,特別制定了3500個精美的純銅飾品,將全國各地的介紹卡加以抽選,抽到的由SONY總公司直接寄發禮品外,並由各店再派員登門道謝,這種道謝訪問促使SONY的經銷商與客戶建立了深厚的友誼,往往一個滿意的客戶會一而再、再而三地介紹新客戶,結果使產品銷售更上一層樓。

10月6日、7日，SONY公司利用週末在全國130處舉行紀念「突破100萬台」的聯合展示大會，又準備了「五種豪華大優待」盛大集會，結果來賓人山人海，造成搶購錄影機的現象。

行銷智慧

SONY公司贈送促銷成功的關鍵是找對了消費者感興趣的地方，同時也適當結合了其他類型的宣傳方式來擴大贈送促銷的影響。於是，贈送使消費者有機會接觸、瞭解企業的產品，進而悄悄地打開了市場。贈送是市場行銷過程中比較常用的一種促銷手段。贈送，是透過向消費者贈送小包裝的新產品或其他價格便宜的商品，來介紹需要推廣的產品的特點、性能、功效，以達到擴大銷售的目的。尤其是在新產品上市初期，贈送能夠產生體驗、試用、促進嘗試性購買以及迅速建立起品牌等效果。

贈送分為兩種類型：一種是試用型贈送，適用於剛剛投入市場的新產品，一開始瞭解、認識新產品的人不多，銷售量很小，這時舉辦一次大規模的新產品贈送活動，會讓更多的人迅速認識、瞭解這一新產品，這樣能夠迅速打開銷路。另一種是鼓勵購買型贈送，適用於成熟期產品，由於同行業競爭激烈，為了增強企業的競爭力，而進行的隨貨贈送活動。

贈送，可使消費者盡快地熟悉企業的產品，刺激他們的購買欲望，使企業的產品迅速打開市場，為企業贏得穩定的利潤，這樣的的銷售方式常常為企業所應用。然而，市場促銷既是一門精深的學問，又是一門高超的藝術，並不是所有的贈送都有好的促銷效果，比如有的贈品的受贈者並非產品的主要目標消費群；有些贈送形式和贈品選擇不當，結果贈送都成了白送，不僅沒對擴大產品知名度、促進購買產生作用，還浪費了大量人力、物力和財力，得不償失。

因此，即使是贈送促銷，也要注重方式，注重消費者的需求。有家賣魚竿的商店，推出「買一送一」活動，店家在櫃檯邊設置了一個大魚缸，裡面有許多活潑的小金魚，並準備了小的魚竿，吸引了許多帶孩子的父母，許多家長買了魚竿後，就讓孩子自己動手釣喜歡的小金魚，然後高高興興地帶回家，這一招的成功之處在於激發了孩子的好奇心理，在嘗試中促進了魚竿的銷售。

還有家美容院，在顧客做完美容之後，可以免費拍一張照片。愛美之心人皆有之，真實記錄下生命中最美好的瞬間，永久保留自己最光彩的形象是每一個人的心願。美容院的這一舉措，不僅讓顧客多一份實惠，而且滿足了顧客的心理需求，自然大受顧客的青睞。

所以，在策劃贈送活動時，要充分考慮主要目標消費群的心理需求，並採取充分滿足其心理需求的贈送方式。否則，促銷效果會大打折扣。

贈送促銷是企業運用最廣泛的促銷方式之一。在歐美國家，如美國，每年大約有1000億美元的優惠券散發到消費者手中。贈送促銷之所以如此受到企業的「歡迎」，也主要得利於消費者的青睞。消費者從商家手中得到的不僅僅是促銷品本身，同時還有企業對消費者的「重視和關心」，這就是在某種程度上拉近了企業與消費者之間的關係，進而使產品銷售變得容易起來。

伯恩德‧H‧施密特：上海中歐國際商學院市場主席，把體驗當作行銷體系來研究的第一人。最初，他把美學體系引入行銷實踐。後來，他將《行銷美學》易幟為《體驗式行銷》，昇華為體驗經濟的一個行銷戰術體系。在他所寫的《體驗式行銷》一書中指出，體驗式行銷是站在消費者的感官、情感、思考、行動、關聯5個方面，重新定義、設計行銷的思考方式。

溫蒂公司的創意
——以抽獎的方式促銷

「抽獎」是吸引消費者參與的好方法。

美國溫蒂速食公司曾進行了一次別具一格的抽獎活動。在抽獎活動中，顧客刮掉獎券上的一層塗料，就可以看到兩支棒球隊的隊名，如果這兩支球隊正好是下一場球賽的參賽雙方，就有資格參加溫蒂公司舉辦的抽獎活動。

在抽獎促銷活動中，溫蒂公司提供的獎品非常有吸引力，有棒球明星簽名照片、棒球明星聯誼卡、棒球運動服、免費旅遊等，吸引了大量喜歡棒球運動的消費者，尤其是年輕人，更是多不勝數。在舉辦抽獎促銷活動結束後的第二年，溫蒂公司對此次促銷活動進行了評估，結果顯示，所有速食食品的銷售量增加了近50%，銷售額直逼佔據市場第1位的麥當勞公司和第2位的漢堡王公司，一下躍居到市場第3名。

行銷智慧

抽獎促銷是一種促銷方法，就是由商家制定一定的活動規則，以一定的獎金或贈品作為「誘餌」，吸引消費者參加購物活動。抽獎促銷利用消費者好奇、僥倖的心理，喚起人們的購買欲。此法用於企業在經濟不景氣的時期、低迷的消費市場中，常能聚集人氣，打破銷售的僵局；當然，用在平時的促銷中，同樣能製造出熱銷高潮。

抽獎促銷主要分為購物抽獎和非購物抽獎兩種：

購物抽獎形式可分為即買即兌獎、定期兌獎與遊戲抽獎3種。即買即兌獎就是顧客購買到商品後，打開包裝，如果發現兌獎標誌或憑證，就當場為顧客兌換獎品。這種促銷形式操作簡單、方便，對消費者吸引力大，是普遍使用的抽獎促銷方法。定期兌獎是顧客在購買促銷商品後，可得到一張抽獎券，填寫好抽獎券後交給商家，然後由商家公開抽獎，中獎者持抽獎券到商場兌獎。由於這種抽獎方式需要經過一段時間，因此其吸引力相對於即買即兌獎的效果要差一些。遊戲抽獎的方法通常要求顧客先購買一定金額的商品，然後根據購買金額抽獎若干次。

非購物抽獎是指消費者在抽獎前不一定要購買促銷商品，消費者可以從報紙、雜誌廣告上或從商家得到抽獎券，填好後送到或寄往指定的地點，然後由商家在預先公佈的時間隨機抽獎。

想要將眾多的目標消費群一網打盡，往往得借助於「抽獎活動」。能吸引成千上萬的消費者投身其中，企業的實際資金支出分攤到所售產品的成本就大大降低了。而且抽獎活動的操作比較簡單，只要設置好獎品，規定好機動規則，並做好廣告宣傳，剩下的工作就只有抽獎和兌獎了。這有利於企業直接自己動手操作，不需經他人之手，容易控制和管理。

約瑟夫·派恩：體驗經濟的「宣導者」，任教於賓夕法尼亞州立大學、加州大學洛杉磯分校及麻省理工學院，《哈佛商業評論》、《華爾街日報》等多家著名報刊撰稿人。派恩一直致力於為體驗經濟描繪出更清晰的形象。他預言，那些日益縮小的產品和服務領域內畫地自限的企業，它們的利潤將大幅下跌，並最終被淘汰出局。為避免這種命運，企業必須學會創造豐富的、令人動心的體驗。

第三章

先推銷自己，再推銷產品：

做到有效溝通

結果訂了一年的合約
——用你的熱情推銷

熱情是能夠傳染的。要用熱情來行銷，發自內心的熱情，把這種熱情傳遞給你的客戶。

在英國，有一位叫約翰的汽車行銷員，他運用熱忱原則成功地和一個暴躁難纏的客戶建立了業務往來。這個人稱「華萊士先生」的客戶總是傲慢無禮，經常會大發脾氣，見了兩次面，華萊士都拒絕聽約翰的解說，但是約翰還是鼓起了勇氣，準備再見華萊士一次。

當他來到華萊士面前的時候，他還在發脾氣，站在桌子前面向另一個行銷員大聲吼叫。華萊士先生臉紅得像番茄一樣，而那個可憐的行銷員正渾身抖個不停。這位汽車行銷員不想讓這種景象嚇倒，決心用他的熱忱來化解華萊士的怒火。當華萊士粗聲粗氣地對他說：「怎麼又是你。你還來做什麼？」時，這位行銷員微笑著以平靜的聲音和最熱忱的態度對華萊士說：「我要將所有你要的汽車租給你。」

華萊士站在辦公桌後面沒有說話。他用不解的眼神看著這位行銷員，然後說：「你坐在這裡等我。」半小時後他回來了，看到行銷員說：「你還在這裡？」約翰告訴他說自己有非常好的計畫提供給他，因此必須要向他介紹了這個計畫之後才會離開。結果他們訂了一年的合約，每個月金額高達75000歐元。

行銷智慧

　　美國通用食品公司的一位總裁曾說：「你可以買到一個人的時間，也可以買到一個人到指定的工作職位，還可以買到按時計算的技術操作，但你買不到熱情，而你又不得不去爭取這些。」唯一使人永無止境追求的是熱情，熱情是火，可以點燃乾柴，可以融化冰雪。

　　日本行銷大師原一平也曾說過一句話：「熱情在行銷中占的分量為85%，而產品知識只占15%。」無論什麼樣的事業，要獲得成功，首先需要的就是工作熱情，行銷事業尤為如此。因為身為一名行銷者，要日復一日地到處奔波，需要耗費大量的精力和體力去推銷商品，還經常會遭遇到客戶的拒絕，而熱情能夠使悲觀的人成為樂觀的人，使懶惰的人成為勤奮的人，使普通的行銷人員成為頂尖的行銷人員。

　　熱情是世界上最大的財富。它的價值遠遠超過金錢與權勢。熱情摧毀偏見和敵意，摒棄懶惰，掃除障礙。一時的熱情容易做到，想要成為成功行銷者，要把熱情變成一種習慣。擁有熱情的人，無論處於什麼環境都會有所作為。

　　詹姆斯‧吉爾摩：畢業於賓州大學華頓商學院，與約瑟夫‧派恩是美國戰略地平線LLP公司的共同創始人，並共同提出了「體驗經濟」的概念。詹姆斯‧吉爾摩認為：體驗之所以能成為競爭的必須，是因為技術本身的發展和社會財富的累積，為人們提供了不勝枚舉的雷同體驗；競爭越激烈，驅使著商家只能不斷追求新的賣點；而最根本的原因則在於經濟價值本身以及趨向進步的本性──從產品到商品再到服務，人們都必須不斷增加投入才能贏得顧客。

你們的貨保證按期完成
——讚美是有力的武器

誰都喜歡被讚美。讚美對方是激發對方興致，促使行銷談判成功的重要技巧。

有一年，張軍所在的一家建築公司在上海承包修建一座辦公大廈。自承包修建之日起，所有的項目都按預定計畫順利進行著。

誰知工程接近尾聲，進入裝潢階段時，負責提供大廈外部裝飾材料的工廠卻突然來電通知他們不能如期交貨。大廈不能準時完工，建築公司必將蒙受巨大的經濟損失。因此，公司的領導者非常焦急，多次打邯鄲的長途電話以及派人反覆交涉，都無濟於事。最後公司決定派張軍前去談判。

張軍不愧為談判高手，他一見到裝飾材料廠的總經理，就稱讚道：「你知道你的姓在邯鄲是獨一無二的嗎？」

總經理很驚異：「不知道。」張軍說：「噢，我今天早晨下火車，在查電話簿找你的時候，發現整個邯鄲只有您一個人是這個姓。這個姓是複姓，而且又很少見，想必有來源的吧！」

原來這位經理的名字蠻奇怪的，竟然叫做「萬俟林」，總經理很驚喜地說：「要說我的姓的確有點不尋常，它原是古代鮮卑族的部落名稱，後來變成姓氏的拓跋氏，就是由萬俟演變而來的。」隨後，總經理便富饒興致地談起他的家庭和祖先。待總經理說完，張軍又誇獎起他的工廠：「真想像不到你擁有這麼大的裝飾材料廠，而且我還真沒見過這麼乾淨的裝飾材料廠。」

張軍的誇讚使總經理得意非常，他自豪地說：「它花費了我畢生的精力，我為它感到驕傲。」總經理高興地說完，便熱情邀請張軍參觀他的工廠。

在參觀的過程中，張軍又不失時機地誇獎了工廠裡的幾種特殊的機器，這使得總經理更為高興。他告訴張軍，這幾種機器都是他自己設計的。

寒暄結束了，「談判」也獲得了滿意的結果。總經理對張軍說，沒想到我們的交談會這麼令人愉快，你可以帶著我的承諾回去。即使別的訂貨拖延，你們的貨一定保證如期完成。

行銷智慧

馬克‧吐溫曾說：「僅憑一句讚美的話就可以活上兩個月。」這話雖為誇張之辭，但卻很能闡明讚美的作用。哈佛大學心理學家威廉詹姆斯也說過：「人類最基本的共同點就是渴望被人欣賞和成為重要人物的欲望。」每個人都有受尊重的需求，渴望得到他人的讚美是一種天性，讚美可以化干戈為玉帛，讚美可以使陌生人變成朋友，讚美可以使對方感到溫馨與振奮。

在現實生活中，每個人都覺得自己有可以誇耀讚美的地方。行銷員可以利用人們希望讚美自己的願望來達到接近顧客的目的。

每個人都渴望別人的重視與讚美，只是大多把這種需要隱藏在內心罷了。當你讚美對方的時候，對方雖然不說，但心裡是很美的。因此，只要你說「專程來請教您這位附近最有名的老闆」時，幾乎屢試不爽，沒人會拒絕你的。

讚美是一切人際溝通的開始，俘獲人心最有效的方法就是不斷地去讚美他，但是，讚美也需要一定的技巧。首先，讚美要自然而誠懇，絕不可胡說八道，其次，要善於找到顧客的亮點來讚美，要撓到他的「癢處」。讚美中最經典的四句話：

你真不簡單！

我很欣賞你！

我很佩服你！

你很特別！

如果你照讚美準則辦事，你幾乎不會再遭到麻煩。如果你對此信守不渝，它會給你帶來無數的訂單。如果你對此信守不渝，它會給你帶來無數的朋友，會讓你時時感到幸福快樂。正如我們已經看到的那樣，人性中最強烈的欲望是成為舉足輕重的人，人性中最根深蒂固的本性是想得到讚賞。

喬治·鄧肯：一位多次獲獎的直遞郵件作者和顧問，被列入美國50名頂尖級直遞郵件作者。在許多大公司擔任關鍵職位長達16年之後，於1976年成立了鄧肯直遞行銷協會。該協會向客戶提供直遞行銷策略、文字說明和設計、諮詢、有效直遞郵件的創造性寫作和指導、網上資源、資料庫行銷以及促銷活動方案。

希爾頓的高招
——以微笑吸引顧客

微笑是吸引顧客最簡單、最容易、最不花本錢而行之久遠的法寶。

在1919年，希爾頓帶著全部的家當——
5000美元，一個人來到德克薩斯州，開了他的
第一家旅館——梅比萊旅館。經過苦心經營，
資產達到了5100萬美元。他將這值得自豪的業
績告訴了從家鄉過來看望他的母親。

母親並沒有像他預料的那樣欣喜若狂，只
是淡然地說：「除了你把領帶弄髒了一些之
外，你跟從前沒什麼兩樣。想要成就大事，你必須把握住比5000萬美元更重要
的東西。」

「那是什麼？」

「除了對顧客誠信以外，還要千方百計讓每一個住進你的旅館的人住了還想
再來住。你要想出一種簡單明瞭、行之有效的辦法去吸引顧客，這樣你的旅館
才有前途。」

母親的話雖然很簡單，卻讓希爾頓深受啟發。究竟用什麼辦法讓顧客還想
再來住呢？簡單明瞭、行之有效的法寶應該具備什麼樣的條件呢？希爾頓終於
想出來了，這就是微笑，只有微笑才能發揮如此大的影響力。

於是希爾頓上班後的第一項工作，便是召集手下的所有員工，向他們灌輸自己的經營理念：「就是微笑——記住嘍。我今後檢查你們工作的唯一標準是，你今天對客人微笑了嗎？」

「你今天對客人微笑了嗎？」的座右銘，使梅比萊旅館很快便闖出一片天。

「一流設施，一流微笑」希爾頓的創業之路越走越寬。

希爾頓依靠他那「你今天對客人微笑了嗎？」的座右銘。他信心堅定地奔赴各地，鼓舞員工振作精神，堅持以「一流微笑」來服務旅客、贏得旅客。他不厭其煩地向他的員工們鄭重呼籲：萬萬不可把心中愁雲擺在臉上。無論面對何種困難。「希爾頓」服務員臉上的微笑永遠屬於旅客！

希爾頓的座右銘變成了每一個希爾頓人的座右銘。希爾頓飯店服務人員始終以其永恆美好的一流微笑，感動著四面八方的旅客。

行銷智慧

卡內基說：「一個人的臉部表情比穿著更重要，笑容能照亮所有看見他的人，像穿過烏雲的太陽，帶給人們溫暖。」

行銷時微笑表明你對客戶交談抱有積極的期望；你的笑越純真美麗，對方的快感也就越大。對那些整天都皺著眉頭、愁容滿面的人來說，你的笑容就像穿過烏雲的太陽。

尤其對那些身陷困境的人來說，一縷充滿溫情的笑容能幫助他們化解人生的陰霾，讓他們看到生活是有希望的，而他們所要向你購買的正是這種希望。

當你放下手中的工作後，去照一照鏡子，笑一笑，問自己：「如果我是客戶，我會向鏡子裡的這個人買東西嗎？」如果答案是「不」，那你還應該繼續練習笑容，讓它看起來更真誠。如果在絲毫不摻雜私心的情況下，答案是「是」，那麼你的笑容就是無價之寶！你要做的，就是跑出去多見客戶，讓你的笑臉好好地為你賺取一個又一個訂單。

世界行銷之神原一平為了讓更多的人接受他、喜愛他，他曾假設各種場合與心情，面對鏡子，練習各式各樣的笑。經過長期的苦練，他一共練就了38種笑容，最後他達到了爐火純青的地步，就是那種嬰兒般的微笑，因為沒有人會抗拒嬰兒的純真和笑容，被讚譽為「價值百萬美金的笑容」。他的微笑令人如沐春風，無法抗拒，也使他的銷售所向無敵。

微笑是成功者的秘密武器，面帶微笑的人處處受歡迎。因為微笑可以拉近彼此之間的距離，增強親和力，解除對方的抗拒，使對方更喜歡你。

讓‧皮埃爾‧艾爾菲：法國市場學會副主席、巴黎索邦大學企業管理學院院長，有「法國的菲利浦‧科特勒」之稱。法國商業和貿易科學院院士，法國市場行銷界著名專家和高級諮詢顧問。其代表作《市場行銷》一書已5次再版，是法國眾多大學經濟和管理類大學生、研究生、博士生以及企業高級管理人員、行銷人員培訓的必選參考書。

第3個金人最有價值—— 認真聆聽顧客講的每一句話

善於傾聽，給客戶充分的發言機會，才是成熟行銷者最基本的素質。

相傳在唐朝貞觀年間，西域有個叫大宛的小國給唐朝進貢了3個一模一樣的金人，這些金人做得惟妙惟肖，巧奪天工，皇帝看後愛不釋手。可是這小國卻提出了一個要求，只有正確回答「哪個金人最有價值」這個問題，才能歸唐朝的皇帝所有。

皇帝想了許多辦法，請來珠寶匠檢查，可是金人無論是重量還是做工，都是一模一樣的，無法判斷哪個金人最有價值。一時間大家束手無策，泱泱大國，連這個小事都不懂豈不是讓人汗顏。

這時，有一位老農上書說他有辦法。

於是皇帝將大宛使者請到大殿，這位老農胸有成足地拿著3根稻草，插入第1個金人，稻草從耳朵裡掉了出來了；插入第2個金人，稻草從嘴巴裡直接掉出來；而第3個金人，稻草進去後掉進了肚子，沒有發出任何聲響。老農對那位使者說：「第3個金人最有價值！」

大宛使者佩服得五體投地。

行銷智慧

這個故事告訴我們，最有價值的人，不一定是最會說的人。老天給我們兩隻耳朵、一個嘴巴，本來就是讓我們多聽少說的。善於傾聽，給客戶充分的發言機會，並能從傾聽中得到更多的客戶資訊，才是成熟行銷者最基本的素質。

喬‧吉拉德被譽為當今世界最偉大的推銷員，回憶往事時，他常講述以下一則令其終身難忘的故事。

在一次推銷中，喬‧吉拉德與客戶洽談順利，正當馬上就要簽約成交時，對方卻突然變了卦。當天晚上，按照客戶留下的位址，喬‧吉拉德找上門去求教。客戶見他滿臉真誠，就實話實說：「你的失敗是由於你沒有自始至終聽我講的話。就在我準備簽約前，我提到我的獨生子即將上大學，而且還提到他的運動成績和他將來的抱負。我是以他為榮的，但是你當時卻沒有任何反應，而且還轉過頭去用手機和別人講電話，我一生氣就改變主意了！」

此一番話重重提醒了喬‧吉拉德，使他領悟到「聽」的重要性，讓他認識到如果不能自始至終傾聽對方講話的內容，認同客戶的心理感受，難免會失去自己的客戶。

每一個人都喜歡講述自己的事情，希望找到一位忠實的聽眾。所以，行銷員在與客戶的溝通和交流中，要給客戶說話的機會，並耐心傾聽，以取悅客戶。為達到這個目的，當客戶口若懸河訴說時，哪怕所言與交易無關，行銷員也要耐心傾聽，而且只需傾聽。只要聽，就能完成行銷，何樂而不為呢？

但是，有許多人在與客戶交談時往往缺乏「聽」的功夫。他們顧不上聽客

戶說了些什麼，或是匆匆忙忙地截斷他們的談話；或是心不在焉地聽他們談話；或是斷章取義，截頭截尾地對待他們的談話；或是滔滔不絕地自說自話……結果被客戶轟出大門。

我們都有這樣的經驗：當你和別人談話時，如果對方將臉轉向一邊，一副漫不經心、愛理不理的樣子，那麼你的談興會驟然大減。「看這個樣子，他似乎不願和我談話，算了，別浪費時間！」有時即使對方也不時附和地說一兩句「是嗎」、「原來如此」一類的話，但他那不安的眼神也在提醒你：「別談了，他根本沒聽進去。」於是，一場談話只能半途而廢。

相反，如果你的聽眾是一個聚精會神、側耳聆聽的人，你的心情就會大不一樣。「噢！瞧他那副認真聽的樣子，似乎對我說的事很有興趣哩，我還可以多說些。」如果對方邊聽邊點頭，並不斷附之以「嗯」、「嗯」之聲，那麼你的談興一定會受到十分大的刺激，你會產生對自己更大的信心，話題會源源不斷地湧出，思路也會變得清晰。顯然，善於傾聽無形中產生了褒獎對方的作用。

人要樂於傾聽、學會傾聽、善於傾聽，這是一種優良的素質和修養，是與客戶建立良好關係的一種手段，也是一名成功行銷者最基本的特質之一。

西德尼・萊維：1955 年，西德尼・萊維提出了「品牌形象」概念，這一概念尤其為廣告人員和公關人員所偏愛，它創造了各種研究機會，擴大了就業，並證明巨額的廣告費用支出對於建立品牌形象是有益的。1969年與科特勒提出了「擴大的行銷」的思想。他們認為，行銷學不僅適用於產品和服務，也適用於組織、意識形態、政府、學校、政黨、政治等。不管這些組織是否進行貨幣交易，事實上都在從事行銷。

布林門臥車公司
——尊重客戶的名字

名字是人的代號，也直接地把人和人做了區別，記住別人的名字，尤其是沒有打過幾次交道的人的名字，對於行銷工作來講，會有意想不到的收穫。

安德魯‧卡內基本人並非是鋼鐵方面的專家，但他如何會成為舉世聞名的鋼鐵大王呢？他成功的秘訣就是：極為尊重別人的姓名。

在卡內基10歲那年，無意間得到一隻母兔子，不久，母兔就生下一窩小兔子。可是，他的零用錢有限，沒有足夠的錢來買食物。於是，他想出了一個點子，他告訴鄰居的小朋友，誰去拔草餵兔子，就使用誰的名字替小兔子命名。小朋友們當然希望自己受重視，於是都去拔草，卡內基的問題也就順利解決。這件事的成功給了他很大的啟示：人們非常在乎自己的姓名。此後，卡內基一再運用這種心理作用來開展其事業。

卡內基長大成人後，有一次為了競標太平洋鐵路公司的臥車合約，與競爭者布林門鐵路公司較勁了。雙方為了得標，不斷削價，均已無利可圖。

不久，卡內基與布林門都到紐約去見太平洋鐵路公司的董事會，他們在飯店門口巧遇了。於是卡內基便藉這個機會向布林門陳述惡性競爭的壞處，並提議化解前嫌，彼此攜手合作。布林門認為有點道理，可是仍舊無法全部接受。布林門突然問道：「假如我們合作的話，新公司要取什麼名稱好呢？」

卡內基想起了童年養兔的往事，他斷然回答：「當然要取『布林門臥車公司』啦！」布林門聽了，頓時雙眼發亮，兩人很快就達成了合作協議。

又有一次，卡內基在美國賓州匹茲堡蓋了一家鋼鐵廠，專門生產鐵軌。

當時，美國賓士維尼亞鐵路公司是鐵軌的大客戶，而該鐵路公司的董事長名叫愛德華・湯姆森。卡內基又想起兔子的故事，於是，他就把那家新蓋的鋼鐵廠命名為「湯姆森鋼鐵廠」。

如此一來，湯姆森董事長要採購鐵軌時，自然會優先考慮「湯姆森鋼鐵廠」了。卡內基這一套「尊重別人姓名」的本事，使他無往不利，生意興隆，最後建立了他的鋼鐵王國。

行銷智慧

一位心理學家斷言：在人們的心目中，唯有自己的名字是最美好、最動聽的。一種最簡單但卻又最重要的獲取好感的方法就是牢記別人的名字！人們在日常生活中，都有這種共同的體驗：能夠在相遇的場合立刻叫出你名字的人，你馬上會覺得臉上很光彩，有一種被他人重視的甜蜜感，進而迅速對對方發生好感。

身為一名行銷員，如果在喧鬧的戶外碰到自己的客戶，並能清楚地叫出對方的名字時，客戶一定會覺得你很尊重他、很在乎他，這不但能建立良好的人際關係，而且對你日後的拜訪也有很大的幫助。

當然，記住他人的姓名，並不是一件輕而易舉的事，需要下一點功夫。一般來說，想要記住大量的人的名字，需要注意以下幾點：

一是當客戶介紹自己的姓名時，要聚精會神地聽，並牢記在心裡。有的行銷員雖主動問對方「尊姓大名」，但對方介紹時又心不在焉，事後，根本記不起人家的名字。

二是記住每個人的特徵。人有多方面的特徵，有外型的特徵，如眼睛特別大，鬍子特別多，前額很突出等等；有職業上的特徵，如他技術最好，在某一領域有受人稱道的雅號等等；名字上的特徵，有的人名字故意用些生澀的字，或者很少用來作名字的字，把名字與這些特徵結合起來，就不容易忘記了。

三是備個小筆記本，如果是重要的客戶，切不可當面拿出小筆記本來記名字，只能背後追記。為了防止以後翻到名字也回憶不起具體的人來，除了記下名字以外，還要把基本情況如公司、性別、年齡等記下來。這個小筆記本要經常翻一翻，一邊翻一邊回憶那一次會見此客戶時的情景，這樣，記憶效果會非常好。

身為一名行銷員，如果要客戶喜歡你，那就應該記住他的姓名。

約翰·菲利浦·鐘斯：著名廣告專家，畢業於英國劍橋大學經濟系，曾為聯合利華、吉列、雀巢、百事可樂等跨國公司進行品牌服務。曾被美國廣告聯合會評為年度傑出的廣告教育者。約翰·菲利浦·鐘斯認為，廣告是品牌這台大機器的核心裝置，是發動機。

成功銷售電動機
——巧妙提問促成交

懂得巧妙地提問題，才會有辦法把局面導向自己希望的結果。

　　英國有一位行銷員來到一家工廠推銷電動機。這家工廠的工程師測試完通電後電動機外殼的溫度後，認為行銷員出售的電動機太熱，懷疑電動機品質不好，表示不願意購買。這位元行銷員問總工程師：「這是符合電製品公司標準的電動機嗎？」工程師答：「是的。」「電製品公司一般規定電動機的設計標準，溫度可高出室溫72度，是嗎？」行銷員又問。「是的。」工程師回答。

　　「那你們廠內的溫度是多少？」「大概是華氏75度左右。」「假如廠內的溫度是75度，那麼電動機的溫度可高達147度。你要是把手放在華氏147度的電動機上，是不是會燙傷呢？」「是的。」工程師只好承認，「你說得一點也沒錯。」於是，他們成交了近萬美元的生意。

行銷智慧

　　這則故事，形象而生動地說明瞭在行銷中正確而藝術地運用提問方式對促成成交是非常重要的。洽談的藝術不在於你來我往地抒發己見，而是藏在一問一答的遊戲之間！提出問題可以誘使他人仔細地思考，然後發表自己的意見。

　　提問是行銷中經常運用的語言表達方法，透過巧妙而適當的提問，可以摸清對方的需要，透視對方的動機和意向，把握對方的心理狀態，啟發對方思考，鼓勵和引導對方講話，可以準確地表達自己的思想，傳遞資訊，說明感

受、希望、疑惑、顧慮等，還可以在出現冷場或僵局時，運用提問打破沉默，如「我們換個話題好嗎？」可見，提問是推進和促成業務談成的有效工具。

提問時，首先要考慮提什麼問題；其次是如何表述問題。另外，何時提出問題也是至關重要的一點。只有把這三點有機地結合起來，提問才能恰到好處，取得滿意的效果。顯然，提問的藝術方法，也就是如何準確地把握住這三點，並根據具體情況靈活地提出問題。下面介紹幾種行銷中常用的提問方法：

1、主動式提問方法

行銷員透過揣測把重點說出來，對這些問題客戶會給予一個明確的答復，然後再用以引導為目的的提問。如上面洗髮水的例子中就是運用的此種方法。

2、建議式提問法

行銷員主動對客戶提出購買該產品獲得直接利益之外可獲得的相關利益，並給出一些良好的建議，以刺激顧客的購買欲望。你可能經常在商場童車部前聽到行銷員這樣問顧客：「請問你買這輛小車是給幾個月的嬰兒睡覺用還是給一兩歲的嬰兒坐著用？」或是問：「你買這輛車是願意讓小孩騎三輪穩定些，還是要讓他練習一下騎兩輪單車的技巧？」短短的一個問題既贏得了顧客的資訊信任和認同，又巧妙地說出了該產品的多種功用，給顧客留下深刻印象。

3、請教式提問法

一家大公司的行銷員到大學裡去銷售電腦，他問學校教師：「現在大學裡搞現代化教學，都配備了電腦，是嗎？」教師：「是的。」接著行銷員可以順理成章地銷售他的電腦了。

4、選擇式提問法

行銷員把要介紹給客戶的產品可能引起的異議分成幾類，讓客戶自己從中選擇一個或幾個，這樣方便明白，也讓行銷員容易找到下手解決之處。例如：可以詢問客戶：「我們的產品會讓您覺得不符合需要嗎？是樣式還是其他？」

5、指向性提問方法

通常以誰、什麼、何處、為什麼等為疑問詞，主要用來向顧客瞭解一些基本事實和情況，為後面的說服工作找到突破口。指向性問題的提問目的十分清楚，也比較容易回答。通常用來瞭解簡單的、宜於公開的資訊，不適合用來瞭解個人情況及較深層次的資訊。使用這類問題時要表現出對顧客的關心。

6、評價性提問方法

指向性提問方法指向尚未公開的特定事實，而評價性提問方法則是詢問顧客對某一問題的看法，一般沒有固定的答案。評價性問題通常用於指向性問題之後，用來進一步挖掘資訊。很多情況下，顧客可能不願對某個問題發表意見。這時，應使用間接評價性問題。間接評價性問題要求顧客對某一第三者的觀點做出評價。如：「有報導說，某某空調在消費者中信譽很高，你認為它在顧客中受歡迎嗎？」

田中道信：日本最富盛名的行銷專家之一，他依靠開發自己的創造性，先謀後動，拓展了產品的銷路，因而在日本獲得了「銷售鬼才」的美譽。田中道信說：「智力的高低和實力的強弱固然是衡量人的尺度，但好的主意，只有在你十分投入你所喜歡的工作時才會產生。」

最好的裁縫師
──靈活運用幽默法則

行銷也需要幽默。把幽默帶進行銷經營領域，形成幽默的行銷藝術風格，在激烈的市場競爭中就會多一份獲勝的希望和意外的欣喜。

在美國華爾街的一條街道上，緊臨著3家裁縫店。他們的手藝十分精湛，服務的水準也是不相上下，在生意上的競爭非常激烈。為了搶生意，他們都掛出極具特色的招牌用來吸引更多的顧客。

第一個裁縫師在他的門前掛一塊招牌，上面寫著：「紐約最好的裁縫師！」

第二個裁縫師看到了這塊招牌，連忙也寫了一塊掛了出來，上面寫的是：「全國最好的裁縫師！」

第三個裁縫師是個英國佬，出差未歸。他的老婆眼看著兩位同行相繼掛出這麼大氣的招牌後，搶走了好多生意，心裡十分著急，但又想不出應對之策──一個說「紐約最好的裁縫師」，另一個說「全國最好的裁縫師」，我說我是世界最好的裁縫師，豈不是讓人笑掉大牙！

幾天後，英國佬回來了，老婆就向他說出了苦惱，他微微一笑，說不用著急，他們其實是在為我們做廣告呢！於是他也掛出了自己的招牌，果然生意興隆。招牌上到底寫的是什麼呢？原來他寫著「本街最好的裁縫師！」

行銷智慧

「本街」最好，那就是這三家中最好的。聰明的英國裁縫師沒有再向大處誇耀自己的小店，而是運用了逆向思維，在選用廣告詞時選了在地域上比「全國」、「紐約」要小許多的「本街」一詞。這個小小的「本街」卻蓋過了大大的「紐約」乃至大大的「全國」。行銷市場猶如沒有硝煙的戰場，最終的贏家，往往都是那些善於運用智慧、將行銷技巧運用得恰當而得體的人。英國裁縫師的做法，以小見大，幽默與智慧盡顯其中。

行銷是一項艱苦的工作，當人們要向陌生的對象銷售自己的產品，或與難纏的對手討價還價進行談判的時候，不妨來點幽默。幽默的談吐在行銷談判場合是離不開的，它能使那些嚴肅、緊張的氣氛頓時變得輕鬆、活潑，它能讓人感受到說話人的溫厚和善意，使他的觀點變遷容易讓人接受。在談判各方正襟危坐、言談拘謹時，一句幽默話往往能妙語解頤，舉座皆歡，談判雙方開懷大笑，氣氛頓時活躍起來。

幽默的魅力是無窮的。作為一門藝術，行銷也需要幽默。把幽默帶進行銷領域，形成幽默的行銷藝術風格，在激烈的市場競爭中就會多一份獲勝的希望和意外的欣喜。

卡利·菲奧里納：1998年7月出任美國惠普公司CEO，其年薪回報近1億美元。曾三次入選美國50大女CEO，並榮登榜首。菲奧里納曾是朗訊最大部門的經理，她因為贏得43個國家的客戶而成為聞名的超級女行銷員，在1996年負責朗訊公司的股票上市。

各自簽下了對方的訂單
——調動客戶的興趣

成功的推銷員往往先談客戶及顧客感興趣的問題及嗜好，以便營造一種良好的交談氣氛。這種融洽的氛圍一旦建立，你的行銷工作往往會取得意想不到的進展。

不久前，我的一位朋友朱林因公出差，在一家飯店就親眼目睹了這麼一件事情：一個先朱林而住的人，已悠閒地躺在沙發上欣賞電視節目，另一個後朱而住的人，放下行李，稍拭風塵，沖了一杯濃茶，邊品邊研究起那位先朱林而來者：「師傅來了好久嗎？」

「比那位客人先來一刻。」他邊指著正在看書的朱林邊說，「聽口音你是蘇北人啊？」

「噢，山東棗莊人！」

「啊，棗莊是個好地方啊！我在讀小學時就在《鐵道游擊隊》漫畫上知道了。兩年前去了一趟棗莊，還頗有興致地玩了一趟呢！」聽了此話，那位棗莊客人馬上來了興趣，兩人從棗莊和鐵道游擊隊談開了，那熱絡的模樣，不知底細的人恐怕還以為他們是一道來的呢！接著兩人就互贈名片，並一起外出就餐，睡覺前雙方居然還在各自帶來的合約上簽了字：棗莊旅客訂了蘇南客人造革廠的一批風桶；蘇南客人從棗莊客人那裡弄到一批價格比較合理的大蔥。

行銷智慧

他們的相識、交談並成功地簽下了對方的訂單，就在於他們找到了對「棗莊」、「鐵道游擊隊」都熟悉而且感興趣的話題。身為一名行銷員，在與客戶溝通時一定要選擇對方感興趣的話題和嗜好，來挑動對方的興趣。

霍伊拉聽說梅依百貨公司有一宗很大的廣告生意，便決定將這筆生意攬到自己手中。為此，他開始千方百計瞭解該公司總經理的專長與愛好。經過瞭解，他得知這位總經理會駕駛飛機，並以此為樂。

於是霍伊拉在和總經理見面、互做介紹後，便不失時機地問道：「聽說您會駕駛飛機，您是在哪兒學會的？」一句話引發了總經理的興致，他談興大發，興致勃勃地談起了他的飛機、他的學習駕駛經歷。結果霍伊拉不僅得到了廣告代理權，還榮幸地搭乘了一回總經理親自開的專機。

在溝通中挑動起對方的興趣，是銷售的先機。一般來說，對方的專長與愛好是最能引起對方興致的話題。因此，在拜訪客戶時，行銷員要設法瞭解顧客的專長和嗜好，顧客身上每一件與眾不同的飾品，或是手杖之類的東西都可能是他的得意之處——抓住這些，就能抓住顧客的心理，激起對方的談話欲望，進而使雙方談話融洽自如，為行銷成功帶來更多的勝算。

齊爾‧迪安：美國學者，20世紀50年代初，齊爾‧迪安在他的一篇關於有效定價策略的文章中提出了「產品生命週期」的概念，闡述了市場萌芽期、發展期、成熟期和衰退期等不同的市場發展階段和相對的產品命運。

椎名保文的成功
——名片也是行銷工具

舉凡成功的行銷員，他們的名片都有與眾不同之處。他們會設計一張好的名片來作為有效的行銷工具。

椎名保文在1969年進入豐田汽車公司，僅用4年的功夫，他創造出銷售1000輛汽車的佳績，讓同行們驚嘆不已。17年後，他的名片上出現了這樣一段話：「顧客至上是我的信念，在豐田公司服務了17年之久是我的經驗，提供誠懇與熱忱的服務是我的信用保證。請您多多指教。」這段文字是手寫印上去的。

這張名片比一般的名片大兩倍，除了公司的名稱、地址、聯繫方式以外，上方還寫著「成交5000輛汽車」，並貼著一張椎名保文兩手比成V字的上半身照片。

名片的背面，印著椎名保文的簡歷，上面寫著「1940年出生於福島縣」及前文所提銷售汽車數量的個人記錄，末尾則寫著他家的電話號碼。這種讓人一目了然的「自我推銷」工具可以說是他成功的秘訣之一。

行銷智慧

名片雖小，卻是一件有力的行銷工具。舉凡成功的行銷員，他們的名片都有與眾不同之處。他們會設計一張好的名片來作為有效的行銷工具。汽車行銷大王喬‧吉拉德曾說：「如果我只能依靠一樣行銷工具做生意，日子一定不太好過。我之所以有今天，是因為我總是在使用各種有用的行銷工具。

　　但是，如果有一天定要我做出這種不可能的選擇，即只能選一種工具，那麼，在眾多的行銷工具中，我可能會選擇名片。我所說的名片，並不是經銷商印刷的那種名片，他們把行銷員的名字印在名片的角落上，不引人注目。我有我自己的名片，格式非常特殊，我的名字十分醒目，甚至上面還有我的照片。」

　　喬·吉拉德有一個習慣：只要是碰到一個人，他馬上會把名片遞過去，不管是在街上還是在商店。他認為他周圍到處都遍佈著做生意的機會。如果你去餐廳吃飯，給的小費每次都比別人多一點點，同時主動放上兩張名片的話，那麼別人一定會看看你這個人是做什麼的。人們會談論你，想認識你，根據名片來買你的東西。長年累月下來，你的成功也就來自於此了。那些成功和有錢的人，他們會到處用名片，到處留下他們的味道、他們的痕跡。從今天起，請你不要再躲藏了，應該讓別人知道你，知道你所做的事情。因為行銷的要點不是行銷商品，而是行銷你自己。

　　當然，行銷員在積極地散發自己名片的同時，更要慎重對待收到的名片，尤其是客戶的名片。名片是一個人的化身，把客戶的名片弄丟或者是隨便亂扔都是對客戶的不尊重，甚至是污辱。如果你的名片遭此噩運，你也會斷然不同對方做生意的，因為每個人都不希望被別人看不起，都希望別人認為自己重要。

　　約翰·麥克金特立克：曾服務於美國通用電氣公司，1957年，約翰·麥克金特立克闡述了「市場行銷觀念」的哲學，並稱它是公司效率和長期盈利的關鍵。他認為，當一個組織腳踏實地的從發現顧客的需要，然後給予各種服務，到最後使顧客得到滿足，它便是以最佳方式滿足了組織自身的目標。這種觀念的提出對行銷史有著除舊佈新的意義。使市場行銷概念的重點從「以產定銷」轉向「以銷定產」。

世界撞球冠軍的自殺
——學會控制情緒

在與顧客溝通的過程中，會遇到各式各樣的人和各式各樣的事情，身為一名行銷員，要有良好的駕馭自我的能力，不管什麼樣的場合，都能保持鎮靜。這樣既不會傷害到別人，也不會傷害自己，給顧客留下良好的印象。

1965年9月7日，在美國紐約舉行的世界撞球冠軍爭奪賽上，路易士‧福克斯一路遙遙領先，只要再得幾分冠軍便唾手可得。就在這時候，一隻蒼蠅停在白球上，路易士‧福克斯揮手將蒼蠅趕走了。

可是，當他俯身擊球的時候，那隻蒼蠅又飛到白球上來了，他在觀眾的笑聲中再一次起身驅趕蒼蠅。

這隻討厭的蒼蠅影響了他的情緒，更為糟糕的是，蒼蠅好像是有意跟他作對，他一回到球臺，牠就停在到白球上來，周圍的觀眾哄堂大笑。路易士‧福克斯被激怒了，衝動之下喪失了理智，用球桿去擊打蒼蠅，球桿不小心碰動了白球，因此失去了一輪機會。隨後的比賽路易士‧福克斯方寸大亂失誤連連，而他的對手約翰‧迪瑞則愈戰愈勇，最後超越了他贏得了冠軍的頭銜。

第二天早上，人們在河裡發現了路易士‧福克斯的屍體，他投河自殺了！

行銷智慧

一隻小小的蒼蠅，竟然擊倒了所向無敵的世界冠軍！這是一件不該發生的事情。其實，路易士・福克斯可以採取另一種做法，那就是：擊你的球，不要理牠。當你的白球飛速奔向既定目標的時候，那隻蒼蠅還站得住嗎？牠一定不撐自走，飛得無影無蹤了。

如果你跟自己的壞情緒斤斤計較，並不斷地任由壞情緒控制自己的行動，那麼，你的一時衝動可能會造成悔恨終生。一個人如果不能管理好自己的情緒，他就不能管理好自己的思想、行為。身為一個行銷員，要學會控制自己的負面情緒，不要讓自己的消極情緒影響自己的客戶。保持一個好心情不但對行銷有好處，而且對任何事情都很有幫助。

行銷員如果喜歡把消極的情緒帶到工作裡來，帶進銷售中來，那麼，銷售過程就會變得負面。如果銷售中帶有負面的情緒，那麼這場銷售就會變得很危險。銷售是一種很艱難的工作，銷售的另一個名詞就是「拒絕」。拒絕會帶來悲傷、挫折和失意等負面情緒。如果行銷員不能迅速調整自己的情緒，那麼，他就很可能被負面的影響打倒，進而導致銷售失敗。

人是情緒化的動物，客戶亦然。銷售是資訊的傳遞，情緒的轉變。大部分人購買策略是建立在情緒化的、感性的基礎之上的。行銷員絕不可以把不好的情緒傳遞給客戶。因為這樣做的結果只會：其一：使銷售失敗；其二：給顧客一個不好的印象。

那麼，身為一名行銷員，應該如何克制自己的情緒呢？首先要學會自我克制。一旦負面情緒上來了，你可以用語言做自我暗示，默念：「息怒」，「不要

發火」，「保持冷靜和鎮定」；也可以做一些動作。據說，俄國作家屠格涅夫每逢想發怒時，就用舌頭在嘴裡轉幾圈，方法十分有效。

其次要懂得合理宣洩，主動釋放。對於不良的情緒，如果一味地克制、壓抑，而不加以紓解，會損害一個人的身心健康。

因此。必要時應該透過適宜的途徑加以疏導和宣洩。美國心理學家斯達登教授向愛發怒的人提出過這樣一個建議：用日記的方式把每一次發怒的原因、經過等如實地寫下來，等平靜之後看一看，自己一定會覺得可笑，並且會感到慚愧，因為這些會引起我們動怒的事，原來都是一些無關緊要的小事。

總之，想要成為一名合格的行銷者，就一定要學會控制你的負面情緒。

艾貝・肖克曼：美國哥倫比亞大學教授。1959年，艾貝・肖克曼首次提出「市場行銷審計」概念。他鄭重提出，如此眾多的公司被關在生產、產品或銷售導向的圈子裡，不知如何去尋找公司的發展機會和途徑。許多公司已經死了，或者正在死亡卻渾然不知。公司應該定期進行行銷審計，以檢查公司戰略實施情況和戰略結構是否與公司的戰略計畫相吻合。

尋找顧客
——從生活中發現準客戶

在日常生活中，準客戶無時不在、無處不有。所以，身為一名行銷員，在平時一定要觀察入微，從生活中尋找準客戶。

一天，原一平到一家百貨公司買東西。任何人在買東西的時候，心裡總會有預算，然後在這個預算之內，貨比三家，尋找物美價廉的東西。忽然間，原一平聽到旁邊有人問女營業員：「這個多少錢？」說來真巧，問話的人要買的東西與原一平要買的東西是一樣的。

女營業員很有禮貌地回答：「這個要7萬日幣。」

「好，我買了，妳幫我包起來。」想起來真氣人，購買同一件東西，別人可以不加思索就買了下來，而原一平卻得為了價錢而左右思量。原一平有條敏感的神經，他居然對這個人產生了好奇心，決心追蹤這位爽快的「有錢先生」。

有錢先生付完錢以後又在百貨公司裡悠閒地逛了一圈，他看了看手錶後，準備離開。那位先生走出百貨公司，穿越馬路，走進了一幢辦公大樓。大樓的管理員殷勤地向他鞠躬。果然不錯，是個大人物，原一平緩緩地吐了一口氣。眼看他走進了電梯，原一平走過去問管理員：「你好，請問剛剛走進電梯那位先生是……」

「你是什麼人？」管理員問道。「是這樣的，剛才我在百貨公司掉了東西，他好心地撿起給我，卻不肯告訴我大名，我想寫封信給他表示感謝，所以跟著

他，冒昧向你請教。」

「哦，原來如此，他是某某公司的總經理。」

「謝謝你！」原一平很快記下了那位「有錢先生」的姓名和地址。

行銷智慧

原一平曾說：「行銷員必須隨時處於戰備狀態。你就像一座靈敏度極高的雷達，不論走路、搭車、開車、購物、讀書或交談，隨時隨地應注意別人的一舉一動，必須仔細聆聽別人的談話。有時在電車內，坐在你身旁的人可能就是絕佳的準客戶；有時在理髮廳內，會聽到一條珍貴的線索；有時在與人交談中，會獲得寶貴的調查資料。因此，視而不見、聽而不聞的人，根本沒資格當行銷員。」

行銷沒有限制地方，只要有機會，你都可以找到你要找的準客戶。保持一顆樂觀的心，抓住每一次機會接觸準客戶，絕不讓機會白白的溜走。在日常生活中，準客戶無時不在、無處不有。只要我們始終保持旺盛的鬥志及高昂的熱情，練就一副火眼金睛，養成隨時觀察、隨處尋找的好習慣，必能發現更多準客戶，取得更多行銷機會，進而成為行銷高手。

約翰·霍華德：市場行銷管理理論的代表人物，在其著作《行銷管理：分析與決策》一書中，他用管理學觀點重點研究了行銷的應用性。他指出：「行銷管理是公司管理的一部分，它涉及的是比銷售更廣的領域」。霍華德的著作象徵著行銷從經濟學中分離和行銷管理時代的開始，這也是對傳統行銷的第一次變革。

第四章

堅決不做模仿者：

行銷需要創新

1956年56元——
好的創意，勝於資金上億

行銷策劃要採用最能引人注意的方法。一個別出心裁的好創意、好謀略，甚至能勝於上億資金。

1956年，美國福特汽車公司推出了一款新車。這款汽車式樣、功能都很好，價錢也不貴，但是銷路平平，和當初設想的完全相反。

公司的經理們絞盡腦汁也找不到讓產品暢銷的辦法。這時，在福特汽車銷售量居全國末位的費城地區，一位畢業不久的大學生，對這款新車產生了濃厚的興趣，他就是艾柯卡。

艾柯卡當時是福特汽車公司的實習工程師，與汽車的銷售毫無關係。但是，公司總經理因為這款新車滯銷而著急的神情，卻深深地印在他的腦海裡。

他開始思考：我能不能想辦法讓這款汽車暢銷起來？

終於有一天，他靈機一動，內容為：「花56元買一輛56型福特。」這個創意的具體做法是：凡購買一部1956年生產的福特新車的顧客，頭期款只須付車價的20%，餘額分三年付清，每月付56元。這種付款方法幾乎人人都負擔得起，他把這個推銷計畫叫做「1956年56元」。

他的建議得到了採納。結果，這一辦法十分靈驗，「花56元買一輛56型福特」的廣告人人皆知。

「花56元買一輛56型福特」的做法，不但打消了很多人對車價的顧慮，還給人創造了「每個月才花56元，實在是太划算了」的印象。短短3個月，該款汽車在費城地區的推銷量躍居榜首。

這一舉措得到了當時主管福特分部的副總裁羅伯特‧麥克納馬拉的賞識，把它納入福特公司全國銷售戰略。僅此一招，福特公司賣出了75000部新車。艾柯卡也一炮打響，總部將他調到華盛頓，並委任他為地區經理。

行銷智慧

行銷策劃，既要考慮人、財、物等有形資產的投入，也要考慮知識、文化、精神等無形資產的投入。前者我們不妨稱之為「硬策劃」，後者相對地可稱作「軟策劃」。「硬策劃」靠的是資金的實力，「軟策劃」則更依賴頭腦，依賴智慧的光芒。一個別出心裁的好創意、好謀略，甚至能勝於上億資金。福特公司正是依靠艾柯卡一個創新的好點子，而使滯銷品成為了暢銷品，為公司帶來了豐厚的利益。

行銷活動想要獲得成功「軟策劃」是不可或缺的。在當今市場經濟不斷發展和完善的環境下，企業的行銷策劃也必須不斷提高工作的水準和層次，要追求創新，這樣才能在瞬息萬變的競爭中立於不敗之地。

國際零售巨頭八佰伴前總裁和田一夫，原來是一家蔬菜店的老闆，曾是全世界商家景仰的英雄。1997年，快速擴張的日本八佰伴的意外破產使他一貧如洗。但年逾古稀的和田一夫痛定思痛後，又開始了重新創業，在南京的一次會

議上，和田一夫強調說，市場發展就是不斷創新和淘汰的過程，只有永遠保持活力、持續創新的企業，才能堅強的生存下去。

絢麗多彩可以「奪目」，反過來，樸素直白能不能「悅目」呢？回答是肯定的。法國波莫瑞香檳酒公司登在雜誌上的廣告多年以來一直是黑白的，絕不用彩印，是為了省錢嗎？

公司經理一語道破天機：「現在雜誌，從頭到尾全是彩色照片，如果我們的廣告也是彩色的，就很不起眼，很難被人發現，但讀者拿起一本雜誌，突然發現一張黑白照片，就好像在繁華、喧鬧的城市裡，突然發現一塊幽靜之地，他反而會留意、會喜歡」。這種「萬彩叢中一點淡」的創意，使其廣告猶如鶴立雞群、匠心獨具。可見，我們只要在行銷中多動動腦子，多添加一些創新因數，便能達到更好的效果。

奧德遜：對市場行銷思想做出卓越貢獻的代表人物，1957年在其《市場行銷活動和經理行動》一書中提出了「職能主義」。他指出，職能主義是發展市場行銷理論最有效的途徑，每一個機構在市場行銷活動中都有其獨特職能，其存在的關鍵就在於能比其他機構更有效地提供某種的服務。

蜜蜂究竟是如何發聲的
——小心崇拜觀念與權威

許多行銷人員有了新思想的時候，往往會被眾多貌似科學的權威扼殺在搖籃之中。打破舊思想，追求創新，是提升行銷績效的重要前提。

蜜蜂「嗡嗡嗡」的聲音非常美妙，每個人都很喜歡。那麼，蜜蜂是如何發聲的呢？經過許多權威專家研究，都認為蜜蜂是靠翅膀振動發聲的。而且這一結論已流行了許多年，幾乎沒有人提出異議。

然而這一結論現在受到了挑戰。曾有媒體報導說，中國湖北省監利縣黃歇口鎮中心小學一位6年級的學生透過自己的獨立觀察與研究，發現蜜蜂有自己的發聲器官，並不是靠翅膀振動發聲的，蜜蜂的發音器官就在蜜蜂的雙翅根部。她將這一發現寫成了論文，並在第18屆全國青少年科技創新大賽上進行了發表，此篇論文榮獲優秀科技專案銀獎和高士其科普專項獎兩項大獎。

行銷智慧

如果這位小朋友的發現真實無誤，那絕對是一個了不起的發現。不過，由於當今還尚未發現有關蜜蜂有發聲器官的資料與報導，因此，還不能對她的發現下結論。然而，無論最終的結論如何，她這種不崇拜觀念，勇於挑戰權威的精神值得我們學習。因為，勇於挑戰權威是實現創新的重要泉源。

觀念是制約許多行銷人員難以成為偉大的行銷員的關鍵。許多行銷人員有了新思想的時候，往往會被眾多貌似科學的權威扼殺在搖籃之中。在現實生活

中，人們總是會堅信一些權威，當然權威之所以是權威，有它一定的真理性，然而，權威不是絕對，我們絕不能迷信權威。

權威可以尊重，但不必崇拜。一個人做行銷，為什麼非要老是仰視別人呢？那始終顯得自己渺小，為什麼老是循規蹈矩呢？那反而暴露自身的脆弱和卑微。打破舊思想，提倡創新，才是提升行銷績效的重要前提。創新是一個熟悉的話題，但它涉及的範圍正在增長。畢竟新觀念意味著新收益；就像對網路股的淘金熱證實的那樣，收益增長是股票市場所追求的東西。

如果你正建立在一個新想法的基礎上，你怎麼保持動力？你如何對待承擔風險和犯錯的態度？你怎樣評估新想法？實際上，很多創新者經常把創新想像得太高深、太神秘、太複雜了，並因此阻礙了他們的創新，創新往往是在不經意間獲得的，所以，偉大的創新甚至是很簡單的。

阿爾‧里斯：全球「定位之父」、世界最著名的行銷戰略家之一。阿爾‧里斯於1950年畢業於Depauw大學。1963年，他在紐約成立了自己的第一家廣告代理公司。著有《市場行銷的戰爭》、《自下而上的市場行銷》、《馬的競爭》和《市場行銷的22條法則》。此後，里斯於1996年出版了《聚焦》，於1998年和2000年出版了《打造品牌的22條法則》和《打造網路品牌的11條法則》。1999年，阿爾‧里斯被《公共關係週刊》雜誌評為20世紀100個最有影響力的公關人物之一。

誰也不要走進那個房間
──創新就要拒絕平庸

速度推進思想，使行銷的流程突破功能性的障礙，就是要讓創新把平庸全部消除掉。

公司總經理向全體員工三令五申：「誰也不要去9樓那個沒有門牌的房間。」但他並沒有說明其中的原因。這家公司效益不錯，員工們也習慣了服從。大家牢牢記住了總經理的叮嚀，誰也不敢擅自進入那個房間。幾個月後，公司招募了一批新人。同樣的話，總經理又向新員工重申了一遍。這時，有個年輕人在下面小聲嘀咕了一句：「為什麼不行？」總經理聽到了，一臉嚴肅地說：「沒有為什麼。」

年輕人的腦子裡還不停地想著那個神秘的房間：它不是什麼重要機密存放地，這樣做到底是為什麼呢？年輕人想去敲門看看究竟。同事們紛紛勸他不要去冒險，不聽總經理的話會砸掉自己的飯碗的，這份工作來的可不易呀！年輕人下定決心要一探究竟。他輕輕地敲門，沒有回應。他隨手一推，門開了，只見房間不大，屋子中間只有一張桌子，放著一張紙條，上面用紅筆寫著：「把這張紙條交給總經理。」於是他拿起紙條鼓起勇氣去總經理辦公室。當他從總經理辦公室出來時，不但沒有被解雇，反而榮升為銷售經理。

在往後的日子裡，那個年輕人果然不負厚望，不斷開拓創新，把銷售部的工作做得井井有條。這時，總經理才向眾人解釋原因：「行銷是最需要創造力的工作，只有打破教條制約的人才能勝任。這位年輕人勇於冒著風險走進某些

『禁區』，所以他一定有能力勝任這個職位。」

行銷智慧

銷售工作是最需要創造力的，只有那些不甘墨守成規的人才能勝任。在行銷工作中最大的忌諱是沒有正確的方法、照本宣科。沒有正確的方法使自己永遠找不到適合自己的路，照本宣科使工作缺乏創新精神，助長了一個人思維的惰性，無法激發出人的積極性。善於創新，不被教條制約所限制是行銷精神所在，固執於原有的行銷思維，過分依靠原有的行銷優勢和行銷經驗是行銷工作中的大忌。

行銷拒絕平庸。向不穿鞋的人成功地推銷出鞋子，這才是高明的行銷術。它警示我們，要去發現市場，而不是一味地抱怨市場難以開拓。事實上，在很多時候，潛在的市場就在你的面前，只不過你還沒有機會發現它而已，切莫讓大好的市場前景從行銷人員的身邊溜走。打破僵化的教條式的思維模式，保持寬鬆開放、勇於創新的環境，這是所有出色的行銷管理的真諦。毋庸置疑，變革模糊性、不確定性的行銷管理，業已成為當今行銷界面臨的頭號任務。因此，拒絕平庸就成為行銷者的一條萬古不變的名言。

克里斯琴‧格羅路斯：瑞典經濟學院學者，1981年，克里斯琴‧格羅路斯發表了論述「內部行銷」概念的論文。他宣導在公司裡創造一種行銷的氛圍，從經理到普通員工全部在本職工作中貫徹行銷觀念，行銷工作已不再僅僅是行銷部門的職責，而是公司全員都必須身體力行的責任，奉行顧客導向的行銷觀念。他認為，在培養公司經理和員工接受以顧客為導向的概念時，公司所面臨的問題將比為顧客開發有吸引力的產品和服務更為棘手。

紐約廣場的一磅銅
——突破慣性的陳規

被條框束縛的行銷員，必然發揮不出應有的才能。行銷是最需要創造力的工作，只有不被條框限制住的人才能勝任。

美國麥考爾公司的董事長是一位猶太人，1946年，他隨著父親來到美國休士頓做銅器生意。

一天，父親問兒子一磅銅的價格是多少？兒子答35美分。父親說：「對，整個德克薩斯州都知道每磅銅的價格是35美分，但身為猶太人的兒子，應該說35美元。你試著把一磅銅做成門把手看看。」

父親在20年後死了，他便獨自經營銅器店。他做過銅鼓，做過瑞士鐘錶上的簧片，做過奧運會的獎牌。他曾把一磅銅賣到3500美元。

1974年，美國政府清理自由女神像翻新時扔下大量的廢料，於是向社會廣泛招標。正在法國旅行的他聽說後，立即飛往紐約，看過自由女神下堆積如山的銅塊、螺絲和木料後，未提任何條件，隨即在合約上簽了字。

紐約許多運輸公司對他的愚蠢舉動暗自竊笑，準備看這個德克薩斯人的笑話。因為在紐約州，垃圾處理有嚴格規定，弄不好會受到環保組織的起訴。

他開始組織工人對廢料進行分類。讓工人把廢銅熔化，鑄成小自由女神像；把水泥塊和木頭加工成底座；把廢鉛、廢鋁做成紐約廣場的鑰匙。最後他還讓人把從自由女神身上掃下的灰塵包裝起來出售給花店。不到3個月的時間，他竟然將這堆廢料變成了350萬美元現金，每磅銅的價格整整翻了1萬倍。

行銷智慧

在許多人的眼中，一磅銅就是一磅銅，然而，這位猶太人董事長卻把一磅銅的價格賣到了幾十倍、幾千倍，甚至上萬倍的價錢，真是令人不得不服。他給予我們的啟示是：進行創新時，首先要打破觀念的束縛。事實上，除了突破傳統的觀念，從管道、深度及廣度上考量，也可以達到創新的目的。

哥倫布是15世紀著名的航海家。他歷經千辛萬苦終於發現了新大陸。對於他的這個重大發現，人們給予了很高的評價和很多榮譽。但也有人對此不以為然，認為這沒有什麼了不起，話中經常流露出諷刺。

一次，朋友在哥倫布家中做客，談笑中又提起了哥倫布航海的事情，哥倫布聽了，只是淡淡一笑，並不與大家爭辯。他起身來到廚房，拿出一個雞蛋對大家說：「誰能把這個雞蛋豎起來？」大家一哄而上，這個試試，那個試試，結果都失敗了。

「看我的。」哥倫布輕輕地把雞蛋一頭敲破，雞蛋就豎立起來了。

「你把雞蛋敲破了，當然能夠豎起來呀！」人們不服氣地說。

「現在你們看到我把雞蛋敲破了，才知道沒有什麼了不起，」哥倫布意味深長地說：「可是在這之前，你們怎麼誰都沒有想到呢？」

過去諷刺哥倫布的人，臉一下子變得通紅。

許多創新與哥倫布發現新大陸一樣，結果出來後人們會評頭論足，但是在這之前卻沒有人想到這一點，沒有人去突破。所以，身為一個行銷者，要努力研究行銷規律，創造新的行銷方法，時時刻刻走在別人的前面。對於事物要懂得從多方面、多角度看問題，想問題，跳脫常規的思維模式，打破思維定式，跳脫 老框框。

想要使行銷工作做得成功，首先必須找準市場縫隙，打破思維定式，透過精密的市場調查，發掘出競爭對手忽視的市場空間，或在已有的產品之間進行歸納、類比和盤查，進而發現潛在市場。因為這世界變化太快，每天各種資訊紛至遝來，按原先思維一成不變處理問題肯定不行。要成功，前提就是要有成功的新思維。身為一名成功的行銷者，總是善於打破思維定式，搶奪市場上的肥肉，成就自己的事業，走向成功。

杜建君：行銷戰略專家、中國企業行銷變革管理理論的首創者和實踐者、「新行銷」運動創始人、美國科特勒諮詢集團資深顧問、《銷售與市場》雜誌常年顧問。曾先後擔任TCL集團行銷副總兼公關部長、創維集團行銷副總裁兼市場總監和中國行銷傳播網CEO。從事企業行銷實踐8年，在中國財經主流媒體發表近百篇文章，著有《破局》、《洞察》等書籍。

阿根廷香蕉
——學會換位思考

在競爭激烈的市場上，行銷過程遇到困難，尤其是處於「膠著狀態」時，一定要學會「換位思考」，重新判斷，在新的思維狀態下，做出新的決策。

1920年，鐘斯出生於英國倫敦一個貧窮的礦工家裡。16歲時，鐘斯在曼徹斯特的一家連鎖食品店當送貨員。由於他工作認真、負責，幾年後，鐘斯在店裡已經小有名氣。而老闆歐文一直想物色一個能幹的年輕人做自己的接班人。

鐘斯初到總店時，老闆讓他試賣水果。他的水果攤就設在利物浦最繁華的街道，周圍有很多水果攤，各家都使出渾身解數，用盡一切方法招攬顧客，競爭非常激烈。由於鐘斯很會把握顧客的心理，銷售業績一直很好。

有一次，水果冷藏廠起火，致使17箱香蕉被烤得皮上生了許多小黑點。老闆歐文把香蕉交給鐘斯，讓他降價出售。由於香蕉外觀不佳，鐘斯將價格降了將近一半，仍然乏人問津。鐘斯仔細地檢查一遍，發現香蕉只是皮變黑了，裡面的肉卻完好無損，而香蕉經過煙燻火烤，吃起來反而別有一番風味，於是，他靈機一動。第二天一大早，鐘斯擺上那17箱香蕉，吆喝著叫賣起來：「快來買呀，最新進口的泰國香蕉，東南亞風味，全城獨此一家！」這麼一吆喝，很多人都被吸引。鐘斯還請顧客們來試吃，再加上鐘斯的鼓動，17箱香蕉居然以高出市價2倍的價格售出。

鐘斯在銷售上越來越出色，成為大名鼎鼎的銷售精英。鐘斯憑藉自己獨特和思維方式創造出不少令人耳目一新的銷售方法。由於銷售量突增，他的收入

竟超過了公司老闆！

行銷智慧

換位思考是化劣勢為優勢的條件，鐘斯就是透過換位思考，將受損香蕉與進口香蕉聯繫起來，進而找到了解決辦法，成功的將17箱被烤香蕉銷售一空。只要啟動腦筋，這種奇妙的聯想並不難找到。

在世界名城布魯塞爾中心廣場上，矗立著一座根據小英雄朱利安塑造的「尿尿小童」銅像。一個可愛的男孩叉腰腆肚，站在高高的基座上旁若無人地撒「尿」，涓涓細流，長瀉不止，吸引著來自全球各地的遊客。一天，人們忽然從「尿」液中聞到一股醇香，沁人心脾，原來竟是撒利爾酒廠生產的啤酒。於是人們爭先恐後地捧著瓶瓶罐罐接酒喝，並連連叫好。

在競爭激烈的市場上，行銷過程遇到困難，尤其是處於「膠著狀態」時，一定要學會「換位思考」，重新判斷，在新的思維狀態下，做出新的決策。

很多時候，行銷過程在許多方面都是對的，只是思路不對。現代的市場，是最需要創意的市場。這種創意往往來自於「換個方式」思考問題的結果。一名響噹噹的行銷者都是創意的天才。透過鐘斯銷售被烤香蕉的故事我們知道了換位思考的創新行銷多麼重要。這種創意和點子離我們生活並不遠，即使是「換個方式」這麼簡單的創新，也可以將我們的行銷引上柳暗花明的新天地。

> 威廉・萊澤：1963年，威廉・萊澤為行銷領域引入了令人著迷的「生活方式」這個概念，即消費者的價值觀念與人生態度比其所處的社會、階層更準確地解釋消費者的消費方式。這一概念曾為社會學家所用。

只准說一句話
——運用逆向行銷

用傳統的眼光看問題，市場處處受到限制，而對善於進行逆向思維者來說，總能在有限的市場環境中發現新的市場。

學校為了增強孩子們的應變能力，每年都要舉行一次智力競賽。

這一年，智力競賽又拉開了序幕。報名參加比賽的有幾百名學生，競爭相當激烈。最後，經過一系列的選拔，選出了3名最聰明的學生，冠軍就在這三個人中產生。

校長把這最聰明的3名學生帶進了教學樓，指著3間教室說：「我現在把你們3人分別關在3間教室裡，門外有人把守。看你們誰有辦法只說一句話，就能讓說服門外的警衛把你放出來。前提是不准硬闖出門。」

校長說完，3名學生各自走進了一間教室，思考著如何用一句話就能讓警衛叔叔放自己走出教室。1個小時過去了，沒有一間教室發出聲響。

又過了一會兒，有個學生很羞愧地低聲對警衛說：「警衛叔叔，我實在想不出辦法，我想棄權，請您讓我出去吧！」警衛聽了，打開了房門。看著這個臨陣退縮的小傢伙垂頭喪氣地走出來，警衛惋惜地搖了搖頭。

然而，這個小傢伙飛快地走到校長身邊說：「校長，您看，按照您的要求，我做到了！」校長伸出手一把抱起了這個孩子，高興地說：「孩子，你是這次競賽的勝利者！這所學校裡你是最最聰明的！」

行銷智慧

這個小孩為什麼會成功走出教室呢？因為他運用了逆向思維，一般來說，如果要讓警衛叔叔放自己出來，大多數孩子都會從正面來想辦法，如何讓警衛叔叔把自己放出來。而這位孩子卻從反面來思考問題，以退出比賽的方式來消除警衛叔叔的戒心，進而達到了目的。

運用逆向行銷思維，以退為進，是行銷過程中常用的一個致勝策略與技巧。逆向行銷是指透過與市場環境相異、與競爭對手相逆或相反的行銷概念、產品設計、促銷方式和宣傳廣告等手段達到行銷目的的方法。簡單地說，逆向行銷就是以自身獨具個性化的產品或服務區別於在市場普遍存在的傳統行銷方式、以新奇致勝的顧客主導型行銷策略。這種打破傳統市場生態的逆向行銷方式如今已被許多高明的行銷者廣泛使用。

某市一名時裝店經理在抽煙時不小時將一條高級裙子燒了一個小洞，使該裙子乏人問津。按照慣例，請一名高超的裁縫師把洞補上就可以蒙混過關。但該經理卻反其道而行之，在小洞的周圍又挖了許多洞，並精心飾以金邊，為其取名「鳳尾裙」。此裙不僅賣出了個高價，而且消息一傳開，不少女士專門前來購買「鳳尾裙」，生意異常興隆。

行銷有時需要富有獨特性、新穎性的創造性思維。在我們挖掘市場、創造市場中，也應大膽、果斷地運用逆向思維開發出不落俗套的冷門產品，另闢蹊

徑，達到「柳暗花明又一村」的行銷境界。

按照慣例，在商場所出售的玩具娃娃都很美麗，玩具商們為如何使自己的玩具娃娃更漂亮都煞費苦心。然而卻有一玩具商從反面來思考：滿市場都是漂亮娃娃，為何沒有一種「醜娃」呢？於是，他大膽地生產出一種「醜娃」的布絨玩具，誰知一上市竟然格外走俏。

用傳統的眼光看問題，市場處處受到限制，而對善於進行逆向思維者來說，總是在有限的市場環境中發現新的市場。

拉爾夫‧勞倫：拉爾夫‧勞倫集團公司CEO和主席，掌握公司90％的表決權。現在，勞倫的專賣店遍佈5大洲30個國家和地區。拉爾夫‧勞倫創造性的把銷售的產品當作一種生活方式的概念行銷。1963年，威廉‧萊澤提出了被業界稱為「生活方式」的行銷理論，然而此理論被成功應用的卻是拉爾夫‧勞倫。他說：「我販賣的不是商品，它表現的是一種生活方式，是一種態度！」

深入虎穴給虎子餵奶
——運用「感觀行銷體系」

行銷者必須全方位經營產品,並提出全方位賣點的產品觀,即要更善用消費者感官力來經營產品。

　　美國有一家已成立40多年的冷凍食品公司。該公司所生產的冷凍食品銷售全球30多個國家,2004年的營業額已突破60億美元,在競爭激烈的食品市場中脫穎而出。公司一直以來都把行銷的重點放在歐美地區,而忽略了對亞洲地區市場的開拓,因此公司決定拿先下日本市場。

　　向日本市場主推何種食品,確實是一個不小的難題。日本這個民族文化背景十分特殊,他們對於事物的挑剔幾乎到了鑽牛角尖的地步,每一件事都追求完美。日本是一個十分講究「飲食文化」的民族,對待食物的態度十分嚴肅,除了好吃以外,還要求有一定文化底蘊,說得誇張一點,吃一頓飯最好能「精、氣、神」合一。連盤子都要做工最精美的,吃完後還可以鑑賞餐盤上精緻的圖案。這樣特殊的文化背景,使得日本被公認是世界上外資最難進入的市場之一。

　　該公司制定出一條很大膽的戰略,決定走一招險棋,把日本家庭中常吃的、最普通的「炒飯」當成公司的主打產品,這是一個英明的決策,又不乏冒

險精神。這項行動簡直可以稱得上是「深入虎穴給虎子餵奶」計畫，也就是說不僅要深入虎穴，還要向老虎寶寶推銷自家的奶，不讓牠再去吃自己媽媽的奶。

炒飯這個產品實在太普通，必須運用高明的市場策略才有成功的可能，於是圍繞著炒飯這個產品，展開了一連串的行銷策略。為了生產最適合日本人口味的炒飯，該公司派人遍訪日本最著名的餐廳，品嘗了上百家餐廳的專業炒飯，終於成功地找出炒飯好吃的秘訣。

產品研發完成以後，則導入一種特別的「感官行銷體系」進行行銷，具體的實施步驟是，行銷人員帶著微波爐去拜訪各大商場的採購經理，微波爐裡事先放入炒飯，與客戶見面時，絕口不談生意，只是與客戶閒聊，但在閒聊的過程中則偷偷打開微波爐的開關，不出幾分鐘，客戶常常會脫口而出：「怎麼這麼香啊？」這時，行銷人員便可趁機從微波爐裡取出香噴噴、熱騰騰的炒飯說：「的確很香」、「您嘗一下」、「味道不錯」、「這就是我要向您推薦的新產品」，這時趁機拿出產品給客戶看。

這款炒飯包裝也設計得十分精美，十足的日本風味，並且經過特殊的處理，印著日本的傳統圖案紋理，讓客戶在極短的時間內，受到嗅覺（香味）、味覺（味道）、聽覺（行銷員推銷的聲音）、視覺（精美的包裝）、觸覺（包裝上的紋理）5種「感官」享受。吃完後，很多客戶都同意銷售此產品。

憑著正確的行銷策略，該公司成功打入日本市場，「入虎穴向虎子推銷奶水」，讓日本人吃上了他們的炒飯。

行銷智慧

冷凍食品公司這種整合了視覺、嗅覺、聽覺、味覺、觸覺的「感官行銷體系」是一種成功的行銷策略。感官行銷的訴求目標是創造知覺體驗的感覺，它是透過視覺、聽覺、觸覺、味覺與嗅覺建立了感官上的體驗。感官行銷式策略在產品的行銷過程中融合了人的感官成分（如基本特徵、主題和風格），刺激興奮點以引發顧客的美感。

行銷者必須全方位立體式經營產品，並提出全方位賣點的市場觀，即善於利用消費者感官力來經營產品。從消費者行為學的角度上來說，就是使消費者在消費的整個流程中得到味覺、嗅覺、視覺、聽覺、觸覺的全方位滿足。

香水的行銷可以用上其中的4種感官刺激：嗅覺（把香水噴灑在客戶必經的走道上吸引客戶靠櫃）、聽覺（行銷人員的甜言蜜語）、視覺（產品精美的包裝）、觸覺（令人愛不釋手、造型優美的香水瓶）。迪士尼樂園的爆米花攤位，在生意清淡時，會自動打開「人工爆米花香味」，不久之後顧客便聞香而來；戴姆勒克萊斯勒特別成立一個研發部門，專案處理「如何使開關車門的聲音變得完美」。

想要行銷取得成功，真正有價值的是方法是策略。也許你的產品也能導入「感官行銷體系」，透過刺激更多的消費者，為你創造更豐厚的行銷成果！

馬丁‧林茲喬姆：全球公認首席品牌大師，建立線上品牌公平原則的先鋒，2001年馬丁‧林茲喬姆提出「網際網路品牌策略」，首次關注品牌在網路上的建立和生存等新問題，宣告了品牌線上逐鹿時代的來臨。

「三洋」的對策
——實行另類行銷

行銷貴在有新意。在行銷中要善於避開傳統行銷慣用技法，追求「另類」行銷。對於多數規模不大、身處劣勢的企業來說，學習「另類」行銷的思路和做法，可以後來居上。

世界上著名的電器公司——日本的「三洋」公司。它在創立之初，為降低生產成本，「三洋」公司推出出一種低成本的新型收音機。

這種新型低價收音機雖然受到消費者的青睞，但一些零售商店卻一直不願意經銷，他們擔心自己的經濟效益太低。當時零售業的效益，一般為零售價的20％，因此同樣的商品，價格高的，收效也大。「三洋」的收音機價格大大低於其他的商品，經銷「三洋」就顯得很不划算。雖然他們也深諳薄利多銷之道，但對「三洋」的收音機銷路是否好於同類商品表示懷疑。「三洋」於是提出一個令人拍案叫絕的策略。

一天，東京的一家電器零售商店來了一位神情焦慮的顧客，匆匆忙忙地在櫃檯四處張望好像在尋找什麼，找了好一會兒，這個人才抬起頭來問商店老闆：「有『三洋』牌的收音機嗎？就是那種外殼是塑膠的……」商店老闆告訴他沒有，那個人便失望地離開。第二天一早，這家店裡

又來了一個人也要買「三洋」的收音機。於是，這位老闆似乎感覺到了什麼。

當然，東京市內不願經銷「三洋」收音機的商店裡，幾乎都遇到這種事情。這些商店的老闆都意識到得趕緊經銷「三洋」收音機，以免坐失良機。經過「三洋」銷售人員的這一番努力，還真把這些零售商店老闆的胃口給吊足了，這樣使得「三洋」收音機的銷售量直線上升。1952年銷售量達到8萬台，第二年達到160萬台，取得了傲人的成績。

行銷智慧

行銷貴在有新意。在行銷中要善於避開傳統行銷慣用技法，追求「另類」行銷。對於多數規模不大、身處劣勢的企業來說，學習「另類」行銷的思路和做法，可以後來居上。身為一名企業的行銷者，要經常推出令人耳目一新的產品，或者勇於標新立異，能夠大膽推出顧客樂於接受又與眾不同的行銷方式，抓準消費者的心理「創」市場，而不是趕潮流效仿別人「跟」市場，只有這樣才能佔有市場先機，取得行銷勝利。

「三洋」銷售的成功即是「另類」行銷的絕妙運用。

傳統行銷依賴的是市場調查，需要花費大量的預算。比如寶潔公司，每年在中國市場上的行銷調查支出就超過1億元人民幣，最高行銷決策者依據市場研究部呈上來的資料做決定。而「另類」行銷則會透過與顧客直接接觸來收集資料，如在生活中或購物時採集資訊。

要成功實行「另類」行銷，首先，產品要具有一定的獨特性，獨特性可以說是另類行銷最顯著的特徵，如推出懷舊式的產品。北京五星啤酒曾推出80年前創始品牌——「雙合盛」。廣告中有20世紀20年代的美女、顏色、圖案，20年

代的傢俱擺設，20年代流行的服裝與服飾，可以說是匠心獨具的促銷方式。體現獨特性還限量生產。美國稀爾蘭奇珠寶公司生產的珠寶十分暢銷，原因就在於公司嚴格控制產品數量，讓顧客「吃不飽」。

其次，「另類」行銷還需具有放大性。放大所欲傳播的資訊是必要的。透過兩種方式可以達到這種效果：一種是製造轟動性事件，如20世紀90年代，健力寶設立5萬元特等獎的有獎銷售等。一種是輕度侵犯性宣傳，如2000年4月，農夫山泉在媒體上宣稱純淨水對健康無益，「農夫山泉」從此只生產天然水。結果這一說法引來一場農夫山泉與娃娃哈、樂百氏等同行口水戰。在這場口水戰中，媒體不知為農夫山泉做了多少免費廣告。

再次，「另類」行銷還可以增加娛樂性，讓顧客輕鬆、愉快接受企業的產品或服務。美國印第安那州一超市曾創下4小時賣掉250公斤乳酪記錄，它的行銷之術就是規定凡是能準確估計自己切下的乳酪重量且誤差不超過一盎司者，可以不付錢。儘管大街上的乳酪到處可見，人們也願意排長隊來享受猜中一份免費乳酪的成就感與刺激感。

另外，「另類」行銷還可以具有一定的神秘性。好奇是人類的天性，我們可以充分利用人類這一特點來達到行銷的目的。

林恩・肖斯塔克：曾擔任花旗銀行副總裁，在上世紀70年代後期，林恩・肖斯塔克在《市場行銷雜誌》上發表論文闡述了對服務市場行銷的獨特見解，認為服務市場行銷應從產品市場行銷中分離出來，視為一個專門問題進行研究。

「拍立得」的英雄救美
──善用「毒品法則」

能否讓你想賣的東西巧妙地引起顧客的注意並引起他們的興趣，這是行銷員成功與否的一大關鍵。

1974年，美國普拉公司成功地推出了「拍立得」（一次成像）相機，為了能夠迅速推廣這種新產品，他們最後選定了遊人如織的邁阿密來推出這款相機。

這是陽光燦爛的一天，邁阿密海水浴場人如潮湧。在眾多遊客中有一位妙齡女郎款款走入水中，隨即像美人魚似的潛入了深水區，她一會兒仰泳，一會兒蛙泳，海灘上很多遊客的目光都被其優美的泳姿吸引了。

突然，這位女郎雙手亂舞，開始在水中掙扎起來。遊客從驚愕中清醒過來，不約而同地高呼：「出事了！那小姐可能抽筋了。」在這千鈞一髮之際，一個身材頎長的青年男子躍入海中，很快將女郎救了上來。

當人們圍攏上來表示關切時，有個手持照相機的攝影者擠進了人群，他將一些照片拿出來給人們看。

這些照片清楚的記錄了剛才驚心動魄的一幕：優美的風光、驚險的場面、美麗的溺水女郎、矯健的青年，還有臉部表情各異的遊人，人們的注意力一下

子就轉移到了逼真的照片上來了，紛紛發出驚訝的提問：這是怎麼回事，照片竟這麼快就洗出來了，太不可思議了！攝影者高高舉起相機，得意地說：「這是普拉公司的新產品——『拍立得』相機，拍攝後60秒鐘即可看到照片。」

於是遊客爭先恐後觀看這種新型的一次成像相機。

遊人們回味著剛才驚心動魄的一幕，對「拍立得」的神奇功效不由得連聲驚嘆。其實，這是普拉公司為推出「拍立得」相機而精心策劃的一齣戲。

普拉公司為什麼選擇邁阿密海水浴場作為推出新產品的地點呢？邁阿密風景宜人，特別是它的海水浴場，更是令人神往。在此採取這種形式推出神奇的「拍立得」，必然會給來自全國的遊人一個深刻的印象，而他們回去以後將會成為「拍立得」的免費宣傳員。這樣，新產品一定很快就會被大眾所熟悉。

果然，在1974年「拍立得」於全國各地上市後，人們爭相購買，在有些地方甚至連櫥窗的陳列樣品也有人搶著買，普拉公司這次奇妙的行銷策劃取得了空前的成功。

行銷智慧

能否讓你想賣的東西巧妙地引起顧客的注意並引起他們的興趣，這是行銷員成功與否的一大關鍵。上面這個故事是讓消費者「試看」，透過現場使用，讓消費者親眼看到產品的功能和效用，進而激發消費者的購買欲望。當然，如果能讓消費者親自使用產品，其效果將會更加明顯。

世界聞名的「珍珠大王」禦木本吉，是一名非常厲害的行銷高手。有一次，他身穿長裙，頭戴高帽，手中握著手杖，在客人面前出現。在幾個載滿珠

貝的箱子上，他用手杖指指點點、敲敲打打地對客人說：「哈！請大家動手將它剖開吧！挖到的珍珠就算是我與各位初次見面的禮物，不成敬意。」說完，就叫人將剖珠刀分給客人。

客人非常高興，爭先恐後地搶著剖挖。挖到珍珠的那一刻，真是歡聲雷動。如此的經過，就創造了無數的「禦木珍珠」的信珠信徒。繼而，「禦木珍珠」的聲譽也就蜚聲國際、名揚海外了。

如果你能夠把你的商品做成了「毒品」，那還愁賣不出去嗎？這就是行銷學中著名的「毒品法則」。與其口沫橫飛地宣揚產品的好處，不如想一些辦法，讓消費者主動認識產品，並激發他們對產品的興趣，這樣才能形成更為持久的消費力。

大衛·艾克：美國先知品牌戰略諮詢公司副總裁，美國加州大學柏克利分校哈斯商學院的行銷學名譽教授，品牌資產領域最具影響力的權威學者之一，當前美國品牌界的領軍人物，被《品牌週刊》譽為「品牌資產的鼻祖」。1991年，大衛·艾克提出「品牌資產的5大元素」，分別為品牌忠誠、品牌知名度、心目中的品質、品牌聯想以及其他獨有資產。1996年，因對行銷科學的發展做出傑出貢獻，大衛·艾克被授予保羅·康弗斯獎。2004年，他獲得麻省理工學院Sloan Buck Weaver行銷獎。

熊倪服飾的曇花一現
——行銷切忌模仿

在行銷中，模仿固然重要，但創新更為關鍵。

都是奧運冠軍出身，同樣從事體育、休閒用品的生產和開發，李寧和熊倪境遇卻截然不同。

中國「體操王子」李寧，1990年創辦了李寧體育用品有限公司，從一名優秀運動員轉變為一位企業大老闆，開始追逐自己體育產品的夢想。

現在，「李寧牌」已在中國擁有多個分公司、幾百家專賣店和店中店、幾千個銷售點，城市舖貨率達90％。據說，在中國，每10秒鐘就有一件「李寧牌」產品售出。李寧在描繪其產品的市場定位時曾這樣說過：「要讓『李寧』牌像可口可樂一樣，總統喝了不覺得丟臉，乞丐喝了不覺得高貴。」這正是「李寧牌」產品走「大眾化」之路的宣言。

李寧沒有忘記自己家喻戶曉的「明星效應」。不斷藉用自己的名氣，並不惜重金打廣告延續自己的名氣。「李寧牌」走「先名牌後產品」反商業運作模式，取得巨大成功。節省了名牌形成所需要的十年甚至幾十年時間。

但是同樣出身的熊倪，卻沒有那麼幸運。1997年，看著李寧在中國如日中

天的發展局面，熊倪與湖南興業集團總裁張治凡兩人合作，也決定投身服飾行業，但是局面並非如兩人所料。雖然有熊倪這塊金字招牌，利用美國四大總統來鼓吹「我有我的一套熊倪服飾」的廣告策劃也堪稱絕妙，但由於對市場和企業管理運作經驗的欠缺，熊倪服飾如曇花一現，最終淹沒在滾滾紅塵中。

行銷智慧

同樣是名人效應，李寧牌產品家喻戶曉，而熊倪服飾卻曇花一現。這個故事告訴我們，人與人是不同的，搞行銷，切忌簡單模仿。世界名人馬爾騰曾有一段精彩論述：「沒有人能夠靠仿效他人得到成功，縱然被他仿效的人是一個偉大的成功者。成功不能靠抄襲、模仿得來。成功是創造的力量造成的。力量是內發的，而不是外來的。」

日本企業是靠仿造歐美產品起家的，他們在模仿中尋求創新，這就促成了日本經濟的飛速發展。我國許多企業生產的產品也是模仿歐美企業的，但我們在模仿中沒有創新，就像電視、DVD等許多產品那樣核心技術不是掌握在我們手中。行銷並沒有固定的模式。成功的經驗是無法克隆的，行銷講究的是技巧，講究的是創新。只有摸清市場的需要，靈活多變，才能真正達到成功行銷的目的。模仿固然重要，但創新更為關鍵！

吉羅德・查特曼：1971年，吉羅德・查特曼和菲利浦・科特勒經過深入研究行銷中相關的社會要素，發現行銷不僅僅是企業行為，而且不可避免地涉及到社會心理、文化背景、審美價值和公眾科學觀念等等問題，於是提出了「社會行銷」的概念。促使人們注意到行銷學在傳播重大的社會目標方面可能產生的作用，如環境保護、計畫生育、改善營養、使用安全帶等重大社會問題。

給廠長們的信
——學會用「紙和筆」賺錢

你的客戶希望得到尊重，而信函可以做到這一點。

中國長沙高新技術企業開發的新產品——「挑戰者」高級機油，在眾多洋品牌林立的機油市場上是名不見經傳的「無名小卒。」儘管公司的行銷員滿懷信心與熱情，鼓動如簧之舌，但那些汽車用品店的老闆和維修廠的廠長反應卻非常冷淡，讓這些行銷員們個個垂頭喪氣。行銷部總經理經過一番思考，果斷決定換一種方式出擊，他決定以公司總經理的名義寫一封致汽修廠的信，做到動之以理、示之以利，以私人信件的形式讓行銷員親自送呈各位廠長（經理）。附信如下：

尊敬的廠長（經理）閣下：

您好！首先，請原諒我對您的冒昧打擾！

正如您所知道的，汽車工業將成為中國未來經濟的支柱產業，和您的修理業一樣，作為汽車工業的相關行業——潤滑油也將獲得共同成長的良機。大量國產低劣潤滑油充斥市場造成設備和機件的損失，潤滑油更新換代迫在眉睫。

以「美孚」爲代表的眾多品牌看準中國這個巨大的市場，紛紛「搶灘登陸」來勢洶洶。而諾大一個中國至今還沒有一個叫得響的品牌能與之抗衡，不僅守不住國門，更無力去征討世界。有識之士不無憂慮地說，潤滑油市場瀕臨淪喪，可別變成第2個飲料行業。

我們致力於向其他品牌挑戰，創立自己的名牌。公司是由高級科研人員組成的高科技企業，歷時5年，苦心研製的「挑戰者」系列高級機油即將推向市場。具有國際領先水準，能在金屬表面上形式一層堅韌的保護膜，在機油漏光和冷啓動時仍可以提供有效的潤滑保護。「挑戰者」機油不僅僅是磨損的剋星，更重要的是能給消費者帶來看得見的利益……

您是修理行業的專家，什麼樣的機油能爲發動機提供最有效的保護，您是最有發言權的，就像醫生開處方一樣，司機朋友相信您的判斷！「挑戰者」機油的品質到底如何，也只有透過您的檢測和評判。爲此，我公司在即將大舉進入市場之際，決定誠邀您作爲我們的合作夥伴，並免費贈送您一些樣品，請您銷售給司機朋友試用。我們相信，試用結果一定會令您備感驚奇和鼓舞。

「不爲別人的利益著想，就沒有我們事業的繁榮。」這是我們的經營理念。我們眞誠地期待在以後的市場推廣中，能得到您的悉心指教和熱情支持，有了您做我們的堅強後盾，「挑戰者」高級機油一定能發展成爲中國潤滑油市場第一品牌！

祝您身體健康，事業發達！

某某某　某年某月某日

這一回拜訪發生了戲劇性的變化。當行銷員誠懇地對維修廠廠長說：「李廠長，這是我們公司陳總給您的信，請您多多指教。」

對方接過信看到信封上清楚地寫著自己的名字，在驚奇之餘，便頗有興趣地迅速撕開信封，認真、仔細地看了起來，那專注的神情不亞於看一封家書，看完後大都問東問西，價格怎樣、付款方式……原先第一次拜訪時，有位先生很冷漠，這次態度來個180度的轉變，看完信後，又是請坐，又是敬煙，臨走時還送了一副精美月曆給行銷員，並一再聲稱，一定大力支持他們的推廣活動。

行銷智慧

想不到短短一封信，勝過百萬雄師。馬斯洛心理學告訴我們，人的需求是多層次的，賺錢誠然是客戶開店所追求的第一目標，然而，並非唯一的目標。他們同樣渴望得到他人的尊重，同樣存在著複雜、微妙的精神需要。

如果將信函運用在我們的行銷工作中，也會給我們帶來巨大的幫助。信函不僅可以最大程度地淡化商業色彩，還會讓客戶感覺到正式，感覺到被尊重，感覺到有自己的選擇，進而使你和客戶之間的距離更近。

利用信函行銷還具有以下特性：

一是操作簡便，信函行銷的主要工作內容不外乎使用筆和紙，把資料綜合在一起；二是對行銷員的要求不高，也就是說，對每一位行銷員來說，只要抓住信函寫作的要點，相信自己每天進步一定會成為信函行銷的高手；三是受眾面較廣，對開發新客戶來說，信函可謂是最有效的方法，只要掌握客戶資料，你絕對可以聯繫到你想到的任何一位顧客；四是可以傳送完整的資料，在信函

中我們絕對可以把產品的一些文字資料和圖片完整地展現在客戶的面前，這也許比你滔滔不絕的行銷更有效。

在快節奏的都市生活裡，人們往往依靠電話問候一聲，「短、平、快」的交流方式造成了人際交往中的「文化沙漠」，人們懶得遣詞造句寫長信……但這並不意味著人們不再渴望深層次的感情交流，事實上，只要人類還以聚居的方式生活，感情就永遠是一條不可或缺的聖潔紐帶。

在商業化、物欲化和模式化的商業活動中，一封富有感情的信函會讓人感覺到在一年四季的沙漠中看到一片綠洲。

俞利軍：浙江海鹽人，國際行銷專家，著名經貿翻譯家。曾擔任倫敦工商會考試局協調人、北京交通商貿有限公司董事兼副總裁、《網際商務》專欄作家等職。現為對外經濟貿易大學教授、中國世界貿易組織特約研究員。俞利軍已在《國際商務》、《管理現代化》、《IT經理世界》、《外國文學研究》、《外交學院學報》、《美國研究》等核心刊物上發表論文40餘篇。因其突出的學術成就，俞利軍先生曾多次接受中央人民廣播電臺、《英才》雜誌、中央電視臺、法國國家電視臺等主流媒體的採訪。

第 五 章

給產品找一個合適
的位置：
定位決定行銷成敗

商務通的奇蹟
——產品定位決定行銷方向

明確的定位是產品進入市場能否取得成功的關鍵。

PDA產品進入中國市場很多年來都一直不能打響名號，因為一直以來PDA產品沒有一個明確的定位，人們習慣把它看作是電腦產品的附屬品，IT圈人士覺得它功能太簡單，而一般人又覺得它操作複雜、實用性不高。

然而，自1998年12月「商務通」進入市場後，在不到兩年的時間內，它的製造商——恆基偉業便使PDA市場活躍了起來。它在全中國400多個縣級以上的城市建立了代理商，將銷售點擴大到3000多個。實際銷售量將近40萬台，在1999年，它的產品還獲得了60%的市場佔有率，被喻為該年度中國最大的商業奇蹟之一。

商務通的成功，首先是定位的成功。

早期PDA產品定位在電子詞典之類，將學生作為目標客戶群，但過高的價格又大大的限制了消費群體，以致於市場難以做大。而更名後的商務通以「商務人士」、「老闆」為目標市場，定位於商務人士的貼身幫手這一形象，價格不再是限制因素，實用性才是關鍵，以「商務通」命名品牌，出色地傳播了這一定位，產生了極好的心理效果。

商務通的目標顧客鎖定在擁有相當的社會地位和財富的人身上。因為商務通使用最多的功能是電話簿和提醒功能，適合上班族使用。恆基偉業把「商務通」定位成無線通訊時代的商務人士必備的資訊儲備工具，強調它實惠的功能和獨特性，因此使得「商務通」擺脫了過去在人們心目中電腦附屬產品的印象，解決了長期以來人們對PDA形成的固有的概念和形象的問題。

到了今天，商務通這個名字幾乎成為中國整個PDA產品的代名詞。

行銷智慧

產品能否為消費者所接受，明確的定位是不可或缺的，同時，在同類產品繁多、消費者眼花撩亂的情況下，如何突出產品的獨特性，宣傳自己的品牌形象，已經成為企業行銷的關鍵一環。

企業想讓顧客在眾多的產品中發現自己的產品，並最終選擇這一產品，產生購買行為，這就需要企業能夠挖掘出產品的特色，標明產品的獨特性，進而培養出一批忠實的顧客。定位正是為了達到這一目的。

市場定位就是要根據一種產品多樣的特徵和屬性給消費者帶來的感官上的差別，區別於其他同類產品，進而為自己的產品營造出一種獨特的形象，並把這種形象生動地傳遞給目標顧客，使該產品在顧客心目中佔有不可替代的位置。簡單地說，市場定位就是公司或產品在顧客心目中的位置。

多明尼克‧夏代爾：法國巴黎商學院前院長，現任國際事務副院長。多明尼克‧夏代爾是歐洲行銷學之父，他早年在美國哥倫比亞大學獲得MBA學位，在巴黎大學獲得經濟學博士學位。

小公主的月亮
——定位之前要做市場調查

一份好的市場調查計畫可以對產品的定位工作產生指南針的作用。

　　從前，有個部落，族長有個小女兒，有天她突然生病了，怎麼也治不好。後來小女兒告訴父親，如果她能得到月亮，病就會好起來。於是族長立刻召集了全族人，讓他們想辦法拿下月亮來。族裡最年長的老人說：「它在很遠很遠的地方，比我們族的土地還大，沒辦法拿下來。」獵人說：「月亮有15萬里遠。」讀過很多書的智者說：「月亮被黏在天上，不可能拿下來。」

　　大家都覺得月亮不可能拿下來，族長得不到解決辦法，煩悶極了。這時候有個聰明人出現了，在問明一切後，他得到了一個結論：如果這些人說的都對，那麼月亮的大小一定和每個人想的不一樣大、不一樣遠。所以，現在最重要的便是要弄清楚小女孩心目中的月亮到底是什麼樣的。

　　於是，這位聰明的人去探望生病的小女孩，並問她，「月亮有多大？」「大概比我拇指的指甲小一點吧！因為我只要把拇指的指甲對著月亮就可以把它遮住了。」小女孩說。「那會有多高呢？」「不會比窗外的那棵大樹高！因為有時候它會卡在樹梢間。」「用什麼做的呢？」「當然是金子！」小女孩回答。族長立刻找金匠打個小月亮給小女兒，小女孩好高興，第二天就能活蹦亂跳了。

行銷智慧

　　我們在做任何事情都要進行事前調查，才能夠有更大的勝算。許多產品在

推向市場後獲得成功，得益於市場定位分析。構成產品的因素有很多，如產品的功能、價位、外形設計等。許多企業為了給予產品準確的定位，會先在市場少量推出新產品，並透過市場調查的形式，廣泛徵集各方面的意見，對消費者的觀點進行整理和過濾，明晰產品在消費者心目中的地位。

很多行銷者開拓市場時，較少關注顧客的需求，而依照自己的想法做事，結果不論多麼努力，效果總是不盡人意。只有經過仔細的市場調查，深入掌握顧客的心理才能滿足消費者的需求，做好產品的定位，進而真正開拓市場。

市場調查最主要的任務是估計市場現在和將來的大小，它是許多公司行銷決策的依據。一家公司是否應該進入一個特殊的市場，要依據這個市場的容量和未來發展的趨勢。一旦進入了市場，就必須估測市場的潛力，要根據不同的地理環境和市場的不同部分進行資源的合理分配。

市場調查關係著企業的命運。市場調查能及時掌握市場需求的變化特點，有利於企業按需求組織生產；能及時探明商品的市場容量及潛在需求數量，有利於企業調整經營策略，開拓新市場；能反映出產品的生命週期及更新換代情況，有利於企業開發產品；有利於企業瞭解市場競爭狀況，進而做到有的放矢，增強自我競爭力。

喬治‧道寧：道寧的主要貢獻在於1971年他首次提出了系統研究法。他在《基礎市場行銷：系統研究法》一書中提出，市場行銷是企業活動的總體系統，透過定價、促銷、分銷活動，並透過各種管道把產品和服務供應給現有顧客和潛在顧客。他還指出，公司作為一個系統，同時又存在於一個由市場、資源和各種社會組織等組成的大系統之中，它將受到大系統的影響，同時又反作用於大系統。

名人的成功
——在競爭中給產品定位

針對競爭的不同階段，應給產品不同的定位。

　　2001年以前，商務通還是中國市場PDA領域無可爭議的領導品牌，名人為了打響名號，擴大市場佔有率，便把商務通視為直接的競爭對手，針對商務通進行了一系列的廣告宣傳。

　　針對商務通賴以成名的「呼機、手機、商務通一個都不能少」的廣告詞，名人公司推出了「呼機換了，手機換了，掌上電腦也該換了」的廣告語；當商務通用鷹比喻自己產品的處理速度時，名人馬上稱自己是射鵰英雄；當商務通推行「個性風暴」時，名人馬上推出「普及風暴」， 以「有實力，個性選擇更容易」的廣告語，宣稱個性消費必須以普及為前提。

　　名人還透過開新聞發表會向全球同行廠商下「戰書」，別出心裁地拋出「致恆基偉業（「商務通」的製造商）一封公開信」，提出「競合」倡議，進而進一步引起了媒體的關注。而之後，商務通雖然也針對名人進行了一系列的宣傳。如當名人讓李亞鵬說「我酷，智能王」時，商務通則讓濮存昕講「比一比誰更酷」；當名人推出第一個武打片廣告「笑傲江湖」時，商務通就來了一個「風快、劍快、商務通更快」，但這樣做的結果，反而使名人進一步引起了媒體的關注，正中名人的下懷。

正是透過這一系列的宣傳活動，名人的知名度越來越高，市場佔有率自2001年4月份以來穩定在40%左右的水準，坐上了PDA行業的第一把交椅。

行銷智慧

在與對手競爭的過程中，由於市場形勢瞬息萬變，所以企業也要根據市場變化形勢及時、靈活地改變產品的定位。名人掌上電腦就是在與商務通的競爭中不斷運用競爭定位的策略，才能跟上市場變化，穩住了市場業績。競爭定位也就是針對市場上最強的競爭對手進行一連串的行銷對抗，在競爭中，透過對手的宣傳方針採取相對的策略。採用該種定位的企業要有一定的實力，能夠堅持長期對抗；同時應深入研究市場，在確定有很大市場潛力的情況下才值得採取這種方式。

陳放：中國著名行銷策劃專家，浙江紹興人，北京合德利策劃有限公司董事長、美國國際商業傳播公司總策劃、中國「藍十字工程」專家團總策劃、中國「行銷創新工程」秘書長、國際行銷節聯合會秘書長、美國科特勒行銷集團中國地區高級代表。其策劃成果曾被評為「98年10大策劃經典個案」、「99年10大策劃經典個案」、「2000年中國策劃優秀獎」、「2001年中國10大行銷策劃獎」、「2002年中國企業策劃案例金獎」。他本人也曾被評為「2000年中國最具影響力的傑出策劃人」、「2000年中國策劃博覽會金獎」、「2002年中國首屆策劃風雲人物」。

「萬寶路牛仔」一炮走紅
——重新定位獲新生

當產品的定位出現偏差時，要適時彌補，進行重新定位。

上世紀20年代，美國只有粗大的雪茄煙銷售，它後勁太猛，而且味道很「沖」，是男人專用，女人們難以接受，並不斷抱怨。菲力浦·莫里斯公司認定這是一個難得的市場機會，決定生產一種專供女士享用的香煙——萬寶路。

一時間，在各種媒體上，到處可見叼著萬寶路的俏麗女士。公司管理人員認為不用1年，萬寶路一定會打開市場，鈔票也會隨之滾滾而來。然而，一個星期過去了，一個月過去了，甚至幾年、二十年都過去了，莫里斯心目中的熱銷場面始終未曾出現。這期間，萬寶路也幾經更換包裝；廣告中的脂粉佳人製作得更加靓麗，但不知為什麼，人們始終反應淡漠。

是萬寶路的品質不好嗎？萬寶路在其製作過程中，從選料到加工，始終嚴守品質關卡，選取優質煙草，精心處理，才生產出高品質的萬寶路。是萬寶路定價過高嗎？在美國國內的香煙市場上，萬寶路的價格對於大多數人來說，是可以接受的。是萬寶路廣告做得不夠嗎？公司每年投入大量資金用於廣告宣傳，在同行業中廣告費用支出水準已屬高位了。

20年過去了，煙霧瀰漫的討論終於見到了曙光，一名主管突然發出這樣的疑問：「會不會是我們的廣告定位上出了問題？」

經過研究，公司決定聘請著名的利奧·伯內特廣告策劃公司來解決廣告定

位的問題。

「在最短的時間內重新進行廣告定位，變換目標消費群。」利奧‧伯內特公司提出了這個建議。經過精心策劃，利奧‧伯內特公司推出了一個大膽、嶄新的廣告創意：以富有陽剛之氣的美國男子漢形象來代替原來的俏麗女士。

利奧‧伯內特公司煞費苦心地選擇廣告原型，有馬車夫、農夫、獵人等等，最後在一個偏僻的牧場中找到了一個「最富男子漢氣質」的牛仔。經過簡單潤飾，以他為原型，拍出了現在常見的萬寶路廣告片。

結果，「萬寶路牛仔」一炮走紅，在美國國內引起了人們狂熱的躁動。他們爭相購買萬寶路，或叼在嘴上，或夾在指間，模仿那硬漢的風格。他們希望能像那位牛仔青年那麼冷靜和自信，他們也希望自己變得堅強獨立、自由自在。從此，萬寶路的銷售額呈直線上升。廣告推出一年時間，銷售量提高了3倍，一舉成為全美第10大香煙品牌。1968年，萬寶路的市場佔有率又升至全美第2位。到了1976年，一躍成為美國最暢銷的香煙。

行銷智慧

像萬寶路從品質追到價格，再到廣告宣傳，20年就這樣過去了。但可喜的是，在20年跌跌撞撞的摸索中，最後終於透過重新定位獲得了成功，新的定位使產品重新獲得了生命力。在競爭激烈的市場上，行銷遇到困難，尤其是處於「膠著狀態」時，一定要強調思路重新判斷，進行新的定位。

重新定位意味著產品形象和帶給消費者的利益在消費者心目中發生轉移，恰當的重新定位可以使原產品以全新的形象重新投入市場，適應市場的需要，因而獲得新生。

那麼，對產品進行重新定位時如何重新制定市場行銷策略呢？

首先，要重新拓展產品的基本概念。這種拓展包括對現有產品的使用情況，可能產生何種新的用途，今後的發展趨勢進行研究；產品應給顧客提供什麼樣的附加價值需要；產品的改良與創新；產品現有包裝如何，實用程度與產品本身的配合是否協調，與產品的價值是否合適等。

其次，要分析競爭對手。產品初次投入市場銷售不暢的原因之一很可能是受到競爭對手的制約和影響，這就需要重新分析競爭對手，進而打開銷售的裂縫。此外，還要重新進行市場細分或尋求新的目標市場。

無論定位錯誤的原因，還是環境變化的原因，原來的定位不能給產品帶來利益時，重新定位就應該開始了。但我們必須牢記只有在摸清了市場和大多數消費者的情況後才能採取富有針對性的競爭策略以及產品的廣告、價格、銷售管道等重新進行定位。也就是說要針對不同的形勢，改變行銷策略來促使產品銷售歷久不衰。

李易洲：中國知名「實戰派」品牌行銷專家，TBM「全程品牌行銷」策劃模式創立者；現任中國品牌行銷學會、廣東行銷學會副秘書長，中國品牌企業聯盟專家團品牌行銷廣告專家、秘書長。主要專長為品牌運作、品牌行銷（品牌戰略規劃、CI導入、品牌管理、品牌傳播、行銷推廣全流程）、廣告策劃、媒體公關、消費者定性研究。曾被評為「華夏優秀廣告人」。

龍形圖案的奧秘
——行銷小心「水土不服」

一種產品要打開國內外銷路，不僅要求品質高，而且要求性能和品牌符合各地的風俗民情。否則，會因「水土不服」而難以佔領市場。

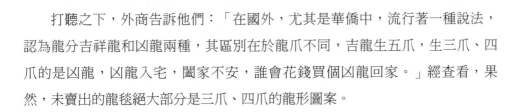

在中國的出口商品中，龍形圖案一直很受外商的歡迎，因為它顯示了民族特點，具有東方特色。有一家專門生產出口毛毯的企業，因為他們的生產龍毯品質上乘，價格低廉，所以一直很受歡迎。然而有一年，他們的一種產品在國外大量滯銷，甚至還有很多經銷商要求退貨，廠商覺得很奇怪，這種龍毯品質非常的好，為什麼會不受歡迎呢？

打聽之下，外商告訴他們：「在國外，尤其是華僑中，流行著一種說法，認為龍分吉祥龍和凶龍兩種，其區別在於龍爪不同，吉龍生五爪，生三爪、四爪的是凶龍，凶龍入宅，闔家不安，誰會花錢買個凶龍回家。」經查看，果然，未賣出的龍毯絕大部分是三爪、四爪的龍形圖案。

再比如，中國北方有一家生產羊絨製品的企業，他們生產的山羊牌羊絨床墊在中國非常的受歡迎，可是當他們試圖將之推廣到國外的時候，卻乏人問津，後來經過調查才知道，原來山羊的英文單字「Goats」在英文中除了本義「山羊」外，還有「色鬼」之意。試想，有哪個家庭主婦願意把「色鬼」舖在床上呢？

行銷智慧

從以上案例中可以看出，一種產品要打開國內外銷路，不僅要求品質高，而且要充分考慮不同的社會文化環境之間的差異，產品的性能和品牌一定要符合各地的風俗民情。否則，會因「水土不服」而難以佔領市場。

社會文化環境是指一個社會的民族特徵、風俗習慣、價值觀、教育水準、社會結構等的總和。社會文化是人類的創造物，反過來又對人類活動發生影響。在對文化環境的分析時，一般可以從以下幾方面進行：

1、風俗習慣

風俗習慣有地域性特徵，不同的風俗習慣使消費者對商品的種類、樣式、規格、包裝和品質等有不同的要求。如不同國家對圖案和顏色的使用就有不同，比如中東地區嚴禁帶六角型的包裝，英國忌用大象、山羊作商品裝潢圖案，瑞典人忌諱使用貓頭鷹做圖案，法國則忌諱使用仙鶴。企業在市場行銷活動中必須瞭解和注意消費地的習慣與愛好，才能在行銷中獲勝。

2、宗教信仰

不同的民族有不同的信仰，行銷活動必須對此慎加對待。比如，與泰國人進行商品交易必須遵循佛規。穆斯林和猶太人對烈酒的禁忌，印度人對牛肉的忌禁，使得烈酒的銷售要排除穆斯林和猶太人生活的國家和地區，牛肉的銷售不應考慮印度市場。企業的市場行銷者應該瞭解宗教規定，生產適應宗教活動規範的商品，在廣告宣傳上也應該注意不能觸犯宗教信仰方面的禁忌，不能傷害教民情感。

3、民族傳統

重人情、講禮儀的民族傳統使消費者肯在感情投資上花錢，禮品消費在生活消費中占的比例比較大。大一統的整體觀念和求同意識使人們在消費行為中很少標新立異，願意追隨潮流。重視傳宗接代的傳統觀念使家長願意在孩子身上多投資、多花錢。企業行銷人員應該特別重視人們消費的這些特點，充分做好市場行銷工作。

4、教育水準

不同的文化修養形成了不同的審美觀，購買商品時的選擇原則和方式也不同。一般來講，教育水準高的地區，消費者對商品的鑑別力強，容易接受廣告宣傳，容易接受新產品，購買的理性程度高。在不識字率高的地區，用文字形式做廣告，難以收到好的效果，而用電視、廣播或當場表演的形式，才容易為人們所接受。因此，在產品設計、生產和制定產品策略時，應該考慮當地教育水準，使產品的複雜程度、技術性能與其適應。

蕭建中：中國著名的行銷實戰專家、實戰培訓專家，首創體驗式互動教學與顧問式實戰培訓新模式，主持過諸多企業內訓、公開培訓與專案，服務企業有中國移動、惠普、金利來、樂百氏、喬士集團等。

總經理喝塗料
——創造產品的賣點

買賣的過程就是創造賣點、培育賣點的過程。

北京有一家塗料企業，為了展示其健康塗料的綠色無毒，說服大家更信服企業產品，經過努力策劃，塗料企業總經理很認真地給大家做一個實驗，給一隻小貓、一隻小狗餵該公司生產的健康塗料。他們想藉此一鳴驚人。

在北京公證處公證員的現場公證下，他們打開了嶄新的一桶塗料……但是，一群舉著保護動物的抗議標語和漫畫的青年圍了上來。在此情景下，這位總經理站了起來，伸手把透明玻璃杯拿過來，一下子倒進大半杯塗料，張口喝了下去……在場的人嚇呆了。

媒體紛紛報導。事後證明，這種健康塗料當年的銷售量增加了400%，這位總經理「喝」出了賣點，「喝」出了市場。

行銷智慧

身為一名企業的行銷者，應該認真審視自己的產品，尋找產品的賣點，創造產品的賣點，進而行銷產品，抬高身價。要顧客選擇你的產品，產品就要有自己的特點。在經濟全球化的今天，賣點也成為競爭的焦點。對賣點的創造能力成為衡量現代企業素質的一項主要指標。故事中那家塗料企業的成功，就是

運用賣點吸引顧客，進而獲得市場。

「賣點」，是指在一定時期內，可以用來市場運作或商業炒作，能夠刺激消費，快速創造商業價值的各種自然要素與社會要素的泛稱。「賣」指的是行銷、推銷、促銷等銷售行為的總稱；而「點」，即我們常說的「點子」，也就是「創意」的意思。因此「賣點」所蘊涵的意義即是商品在從事行銷、推銷、促銷時的「創意」。

沒有「賣點」的貨品與服務，根本無法吸引消費者。買賣的過程就是創造賣點、培育賣點的過程。必須要確定一個好賣點，從它入手，將之發展成為極具消費吸引力的關鍵。貨品缺少了賣點，買賣活動就可能成為「無源之水」、「無本之木」，難以進行下去。

一個充滿創造性的市場，應該凝聚著層出不窮的「賣點」。要保證賣點的獨特，要體現賣點的新穎，要確保賣點的品質；同時，要在廣告中突出賣點；要在服務中生發賣點；要在促銷中提升賣點。這樣，買賣活動才可以因賣點的活躍而生機盎然。

小澤秀樹：佳能亞洲行銷集團總裁、佳能（中國）有限公司總裁兼首席執行長，是一位具有多年海外管理經驗和傳奇行銷業績的資深經理人。1973年，小澤秀樹畢業於日本慶應大學法律系，1973加盟佳能公司。小澤秀樹特別強調客戶服務，要在最短的時間內達到「客戶滿意度是第一」的目標。

看公寓
──準確定位客戶的資格

對尋找潛在客戶進行正確定位是很重要的事，可以讓你免去許多額外的勞動。

有對夫婦對某公司行銷員送上門的公寓廣告非常感興趣，這使得行銷員很高興，他認為這對夫婦想要購買一間公寓。

他花了整個下午的時間向這對夫婦推銷公寓。他們走遍了整個公寓的每一個房間，並且對每個房間的特點都加以詳盡的介紹，而且一再強調其誘人的價格。

「我們的窗戶設計採用的是上懸掛、下開啟的鋁合金窗，這類窗戶防雨性能好，進風比較柔和，配合有色玻璃，私密性較強。」儘管這樣，那對夫婦依然沒有表現出絲毫購買興趣。可惜，這位行銷員並不知道，無論自己怎樣努力，他們都不會購買這間公寓。因為他們已經在另外一個地方購買了一間公寓。他們之所以來看這間新公寓僅僅是出於好奇，希望透過比較來分析他們購買的新房子是否划算。

行銷智慧

客戶對你的產品表現出興趣並不等於客戶有購買欲望，很多情況下很可能是另有目的，如故事中所說，只是為了比較而已。雖然這對夫婦表面上看好像

是個潛在客戶，但是實際上他們並不具備準客戶的資格。如果那位行銷員看到他們有興趣之後，再進一步瞭解他們產生興趣的動因的話，就會瞭解到他的潛在客戶只是好奇而不是真的產生了購買興趣。

如果一個客戶對行銷員所提供的產品或服務毫無興趣，那麼就沒有必要浪費時間去說服他。住在溫暖的南方的人不會需要厚厚的大衣；連駕駛執照都沒有的人當然不會考慮購買新車。其次，要弄清楚客戶是否有購買能力？如果是個人必須要有足夠的收入，而公司則必須要有較好的支付信譽。再次，要弄清楚客戶是否有購買決定權？當行銷員向客戶銷售產品時，有時不一定清楚誰擁有最後的購買決定權。一個購買決策通常要涉及很多人，如果不確定誰有購買決策權，那麼可以主動詢問。比如在很多針對家庭的銷售活動中，弄清楚是丈夫還是妻子有購買決定權或是兩人共有購買決定權是很重要的。

最後，還要看這位客戶是否有資格購買？在一些情況下，一些客戶根本不具備購買資格。比如公司如果只與批發商交易的話，那麼零售商就算有支付能力和購買意向，也不符合購買資格。

羅拉·里斯：定位理論創始人阿爾·里斯的女兒，Ries & Ries行銷諮詢集團主席。她和她的父親共同出版了《品牌建設的22條軍規》、《公關第一，廣告第二》等行銷學專著。她認為，如果行銷人員能夠將注意力從自己的產品、品牌以及公司，轉移到顧客的心智中，你的定位就不會錯。因為真正的、決定勝負的行銷戰是從顧客心智中展開的。

第六章

打造點石成金
的利器：
讓品牌創造奇蹟

獵王的弓
——品牌：以質為本

沒有品質，就沒有品牌。品牌，應以質為本。

從前，有個獵人射箭的技術非常精湛，每次村裡的人一同出外打獵他都能獵到最多的獵物，大夥便封他一個「獵王」的頭銜。獵王原來用的那把弓，外表很不起眼，有了獵王的頭銜後，他心想：「我的身分已經跟以前不一樣了，如果再用這把難看的弓，一定會遭人笑話。」

於是，他便把舊弓放在一旁，另外找人製造了一把新弓，新弓上面雕刻了非常精緻的花紋，別人見了都忍不住要摸一摸，稱讚幾句，獵王更加得意了。一次，村子裡舉行射箭比賽，獵王帶著美麗的新弓，很神氣地到達比賽地點。等輪到獵王出場時，大夥都鼓掌喝彩，準備看他大顯身手。只見獵王拈弓搭箭，才將弦一拉緊，那美麗的雕花弓竟然當場折斷了。在場的人個個都哄堂大笑，獵王面紅耳赤，愣在那兒一句話也說不出來。

行銷智慧

對一個企業來說，品牌是企業的靈魂，是企業的標誌，是企業的象徵，是企業的精神依託，也是企業文化的外在表現形式。而品質則是企業的生命，是品牌打造的基礎，只有把產品的品質做好了，才有可能創造企業名牌，並長期

繁榮下去。美國著名品質管制專家米蘭博士認為，品質是保證品牌打開市場大門的鑰匙和品牌營運的核心所在，穩定的優質產品是品牌形象的重要來源。

北京的麥當勞每天吸引成千上萬的顧客，經營之道除了「快」、「清潔」、「服務好」之外，還有一個「扔」字，即食品製作之後，只要90分鐘賣不出去，就扔進垃圾桶。這個「扔」字，的確很值得玩味。一個好好的漢堡，製成了90分鐘後，頂多是口感稍差一些，而營養成分一點也沒減少，何必扔掉呢？還不都是慕名而來開「洋葷」罷了，只要接受了帶洋味兒的服務，就心滿意足了。

德國的史析登啤酒廠，至今仍遵守1516年巴伐利亞公爵威廉四世頒佈的啤酒純度命令，只用麥芽、酵素、啤酒花和水4種原料製酒，不添加任何其他成分，連原料的運送也仍用馬車。如此「不變」，在多變的國際啤酒市場上，反而獨具魅力。從北京的麥當勞「扔」的策略到德國史析登啤酒廠「不變」的魅力，我們不得不相信：沒有品質，就沒有品牌。在激烈的市場競爭中，世界著名的大公司總是非常注重不斷提高產品品質，以優質的產品吸引顧客、爭取客戶，把以「質」取勝作為企業發展策略。總之，品牌的背後就是品質。

蘿拉·莫里特：美國行動行銷協會總裁，在高科技行業產品管理和行銷方面有超過15年的經驗。她認為對於全球的行動營運商來說，行動搜索將成為下一個重要的創造價值的機會。這種商業生態環境將大大增加人們購買行動內容、實際商品以及當地服務的方式，並代表了未來幾年行動業務方面最有效的市場投資機會。

以米老鼠起家的迪士尼
——品牌要突顯個性

一個品牌的溝通如果能做到個性層面，那麼它在消費者中的形象是極其深刻的，它的溝通也是極其成功的。突顯個性的品牌才有生命力。

在1995年，美國《經濟學家》雜誌報導，當年全球最有影響力的品牌評估結果顯示，迪士尼躍居第3位，品牌價值高達470億美元。一個不起眼的娛樂業品牌，如何能成為紅遍美國，走俏世界的著名品牌呢？其實，這是迪士尼多年來一貫堅持保持品牌個性的原因。

以一隻米老鼠起家的迪士尼，經過70年的努力，到1995年時，公司的總資產已經達到了153億美元。1928年11月，華德·迪士尼親自配音的米老鼠卡通影片《威利蒸氣船》在紐約上映，這部只有7分鐘的片子是世界上第一部有聲動畫片，取得了出人意料的轟動，不到一個月時間，米老鼠便成了全美國的「超級明星」。1952年，華德·迪士尼公司正式成立，並以米老鼠形象作為公司的招牌式標誌。

幾十年中，迪士尼形成了龐大的「明星隊伍」，有聰明、活潑的米老鼠，也有滿腹怨言、整日喋喋不休的唐老鴨，還有大智若愚的「三隻小豬」，聰明、善良的「七個小矮人」，美麗的「白雪公主」等等，這些卡通人物，個個形象栩栩如生、唯妙唯肖，讓所有的觀眾從中得到了歡樂，這也正是迪士尼一貫的宗旨——製造並出售歡樂。這也是其堅持自己的品牌個性的表現。

歡樂和笑聲，是人們的一種基本精神需要。迪士尼以為，卡通、電影是傳

遞歡樂的載體，可以用這些大眾喜愛的形式為他們送去更多的歡樂。「製造歡樂」，便成了迪士尼品牌個性的精髓。

然而，迪士尼並未滿足於影片製作，而是又邁出了第二隻腳，建造迪士尼樂園，使自己的品牌知名度大為提高。1955年，在洛杉磯建成了第一家迪士尼樂園，短短7個星期中，共有100萬遊客光顧了迪士尼樂園，迪士尼樂園專案取得了空前的成功。

迪士尼為了爭取老顧客，在樂園中增添了許多現代化的電子設備，並隨著技術的發展，不斷補充和更新娛樂內容和設施，如投資3200萬美元建造了令人驚心動魄而又無法拒絕的雲霄飛車；占地50英畝的水上樂園等等。

如今，沒有去過美國的人也知道迪士尼樂園有些什麼，樂園裡隨時可遇到人扮的米老鼠和唐老鴨，遊人們可以和他們聊天、合影，充分享受這夢境般的愉快。在這裡，包容了過去、現在和未來，充滿了浪漫和神奇，它是家庭盡享天倫之樂的好場所，也是學生求知的最有趣、最有效的最佳途徑。

行銷智慧

迪士尼之所以能發展成為世界級的品牌，這正是依靠它多年一貫堅持的透過「製造歡樂」來強化它的品牌個性，並不斷擴大品牌影響的結果。

品牌個性指在繁多的資訊遞變過程中，可以不隨時間推移而改變的豐碑式的品牌識別標誌。品牌個性作為核心競爭力不僅表現在獨一無二的識別特性、具有極強的市場穿透力等方面，而且還可以透過改變商品的價值構成，使一種表現為物質價值的共性價值轉變成為物質與精神並存的個性價值，進而提升商品的整體價值。

在與消費者的溝通中，從標識到形象再到個性，「個性」是溝通的最高層面。品牌個性比品牌形象更深入一層，形象只是造成認同，而個性則可以造成崇拜。一個品牌的溝通如果能做到個性層面，那麼它在消費者中的形象是極其深刻的，它的溝通也是極其成功的。迪士尼正是這樣一個極具個性的品牌。

迪士尼就是一個將產品品質與感性特點聯結成簡單、有力的個性品牌，同時將品牌元素融合在一起的典型案例。

由於品牌個性價值是長期累積的結果，競爭對手無法在短期內獲得，即使按照行業平均成本去生產產品，企業仍然可以透過品牌人為地提高產品附加價值，進而在競爭過程中，佔據成本優勢與價格優勢。

韓亮：合效策劃機構總經理、首席策劃師，中國著名的食品／保健品實戰派行銷專家、中國市場學會市場總監認證委員會特聘專家，側重行銷策略研究與實踐，對大型民營企業發展具有獨特見解。《經理人》、《銷售與市場》等數10家權威媒體特約專家作者，先後在國家級行銷和管理專業媒體發表文字數十萬字。

聯合利華從「新」開始
——品牌離不開創新

一個企業只有持續的品牌創新才能青春永駐。企業品牌創新是企業可持續發展的必然選擇，是企業品牌走向世界的根本保障之一。

聯合利華是世界著名的日用品公司，每年平均花費60億美元來推廣品牌，且對品牌的推廣有自己獨特的做法。他們將品牌的發展分為三個階段：第一個階段是要保證品牌生存所要具備的基本生存能力；第二個階段是品牌要有新的形象，品牌要不斷以新的形式創造新的價值；第三個階段是要讓品牌有突破。

聯合利華雖然在推廣其品牌時將全球品牌與本土品牌相結合，同樣又積極創新。夏士蓮黑芝麻洗髮精就是一個很好的例子。這種洗髮精是聯合利華專為亞洲人的黑髮而設計的，符合東方人的文化心理特徵，同時黑芝麻又是洗髮精領域第一次使用的成分，令人很有新鮮感，因此一上市就非常的受歡迎。

「中華」是個有著悠久歷史的品牌，雖然質樸、平和，但卻顯得有些老化。作為聯合利華中華專業口腔護理中心全新技術的成果，中華牙膏推出了新款草本抗菌牙膏，並在外包裝做了重新設計，以醒目的標識、時尚的色彩建立起全新的形象；進而在保留「中華」傳統的品牌內涵同時，更賦予了品牌新的活力。

行銷智慧

創新是一個企業成功的靈魂，可是很少有企業像聯合利華這樣賦予老品牌全新內容的。從黑芝麻洗髮精到中華牙膏，從內在原料到外在包裝，聯合利華

對於品牌的不斷重新定位，使得它長期保有了在人們心目中的地位。在市場化、全球化的今天，品牌已成為企業最有價值的資產之一。

所謂品牌創新，是指企業品牌要適應時代的變化和科技的進步，不斷的尋求發展，包括技術創新、設備創新、材料創新、產品創新、組織創新、管理創新以及市場創新等。一個企業只有持續的品牌創新才能青春永駐。企業品牌創新是企業可持續發展的必然選擇，是企業品牌走向世界的根本保障之一。有些百年品牌，品牌越老越久，百年老店也越開越根深葉茂。這就是不斷的品牌創新的結晶。SONY公司每年都要向市場推出1000種新產品。飛利浦公司透過百餘年的發展實現了近3000多項專利。

目前仍然有許多企業認為，自己的企業很小，企業還沒有更多的富裕資金，所以沒有能力實施品牌創新，他們不明白，企業不是等大了再做品牌創新，而是應該利用品牌創新做大。品牌創新是企業從小變大的催化劑，是從小成長到大的重要橋樑，而不是等到了大了之後才能收穫的成果。

李玉國：博士，品牌核實戰創始人，資深培訓師，品牌核實戰策劃機構總裁。曾任著名企業的KA經理、行銷總監及總經理，曾經為三星手機、愛普生、LG電子、中國聯通等著名企業進行培訓。有多篇文章發表於《經理人》、《銷售與市場》、《品牌世界》、《行銷學苑》及《中國經營報》等權威媒體。對於資本運作、品牌快速出頭及品牌的國際化等有非常獨特的見解和實戰技巧。

肯德基贊助「希望工程」
——公益行銷樹立品牌

公益行銷是一種綜合性的、完整性的行銷活動，進行的是全面的溝通。它能從整體上維護、樹立企業的正面形象。

肯德基自1991年進入北京以來，獲得了極大的成功，很快便發展了好幾家連鎖店。尤其前門的肯德基店，竟一躍成為肯德基在全世界銷售額最高的分店。由於前景良好，投資者意欲再擴大餐廳規模。然而，由於過去的政治因素，投資者害怕許多人對美國還存在著某種心理上的抵制，公司對擴大規模始終無所適從。因此為了在中國老百姓心目中樹立肯德基的良好形象，公司贊助了北京農運會、排球比賽等活動，但收效不太。這令肯德基公司高層領導一籌莫展。

直到有一天，肯德基北京公司總經理許喜林看到了一本《半月談》，他從書中看到了鄧小平為「希望工程」的題詞以及「希望工程」的簡介。根據顯示，中國青少年基金會由於剛剛發起「希望工程」，缺乏宣傳和贊助，參加者不具規模，還處在初步形成階段。但是，這是一項國家重視、人民擁護的事業。許喜林想，如果肯德基帶頭響應「希望工程」的號召，對於改善其公眾形象將大大有益。公司高層領導聽了他的提議後覺得這的確是公司樹立公益形象的大好時機，於是肯德基開始著手策劃此次活動。

首先，公司在全國捐建了幾所「希望小學」，為了不使這次活動流於表面，許喜林同時建議讓公司全體員工每人資助一名貧困兒童上學。並為此在人民大會堂舉行了新聞發表會。發表會當天，《人民日報》、《經濟日報》等全國30多家、海外20多家新聞媒體都對之進行了大篇幅報導。

其次，為了增強新聞傳播的效應，他們又與北京電視臺邀請了河北崇禮縣幾十名受捐助的山村孩子來北京參觀旅遊。北京電視臺《18分鐘經濟‧社會》以「圓夢」為題做了專欄報導，博得了社會各界的廣泛同情、好評與參與。

透過這一連串的「希望活動」，肯德基在社會上樹立了良好的企業形象，並得到了媒體、政府和公眾的高度贊許。進而形成了寬鬆有利的社會環境，使肯德基在北京、青島、西安、上海等地的分店如雨後春筍般迅速發展起來。

行銷智慧

公益行銷是指企業透過舉辦或借助公益慈善活動與消費者拉近距離，進而樹立企業的良好形象，並藉企業良好的形象影響消費者，使其對企業的產品產生偏好，在做購買決策時優先選擇該企業產品的一種行銷行為。

公益行銷與一般的行銷活動不同，一般企業的行銷活動只著重於特定對象，而公益行銷是一種綜合性的、完整的行銷活動，進行的是全面的溝通。它能從整體上維護、樹立企業的正面形象。

當然，公益行銷也並不是單純地為了提高產品市場佔有率而樹立企業產品的形象，而是以塑造企業形象、勇於承擔社會責任為訴求點。它以真心關心社會、關心消費者的實際行動來引起消費者的共鳴，使他們自然而然地對企業產生良好的形象。

公益行銷的方式主要有以下幾種：

一是參與性公益行銷，指的是企業對某種社會現象提出善意的建議或尖銳的批評，以喚起消費者的共同參與，達到關心社會、回饋消費者的目的。

二是新聞性公益行銷，新聞在現實生活中是無時不在、無孔不入的，把握消費者普遍關心的新聞事件，對新聞事件中的人物或事物予以支持和幫助而展開行銷活動。

三是與時代同步的公益行銷，現代社會雖然在不斷地加速前進，但與此同時也可能會存在著某些負面效應。企業此時就要能預示未來的發展並揭示需面對的問題，引起消費者的注意及順應時代發展而展開公益行銷活動。

最後是人性化的公益行銷，在現代社會，由於各種原因，人與人的交往、溝通越來越少，人情也越顯冷漠。為了改善這一點，企業實行人性化公益行銷，來顯示企業溫馨的、人性化的一面。如透過舉行產品義賣將其所得捐贈給社會等。

湯瑪斯・海斯：美國賽維爾大學市場行銷系教授，美國行銷協會高等教育行銷論壇創始人，《高等教育行銷雜誌》主編之一。曾獲得美國賽維爾大學心理學學士學位和MBA學位、美國辛辛那提大學組織行為學方向的MBA學位和行銷學博士學位。1994年，湯瑪斯・海斯擔任美國行銷協會服務部副主席，1997年～1998年擔任美國行銷協會行銷管理委員會副主席。

M&M's的顏色
——用色彩表達品牌思想

在產品同質化趨勢日益加劇的今天，在個性化需求行銷主導市場的時代，如何讓你的品牌在第一時間「跳」出來，快速鎖定消費者的目光？答案就是顏色。

全球著名的巧克力品牌M&M's，1960年在傳統棕色的基礎上，又推出紅、黃、綠三色的巧克力，以吸引巧克力的最大消費群體兒童，結果大受歡迎。於是M&M's再接再厲，1976年橙色豆加入、1987年紅色豆回歸、1995年藍色豆加入、2002年紫色豆加盟，M&M's每新增一種色彩，其銷售量就會跟著往上攀升。在M&M's巧克力舉辦的「全球新色彩投票」這個視覺行銷活動中，包括中國、印尼、澳洲等200個美國以外地區的超過1000萬名全世界巧克力愛好者，為紫色、粉紅色和水綠色這三個時尚顏色進行情感加分。在這場別開生面的視覺行銷中，紫色的魅力指數遙遙領先，34%的中國消費者更是一致擁護紫色。

在1954年，M&M's以一句「只融於口，不融於手」的獨特銷售主張稱霸巧克力市場幾十年。幾十年後的今天，M&M's以魅不可擋的色彩為自己再披戰衣。M&M's利用色彩評選為品牌升級加分的視覺行銷手段，贏得了「好」色的消費者對M&M's青睞有加。根據該活動的組織者多年的調查結果顯示：M&M's各種顏色的巧克力豆受歡迎程度分別為棕色30%、紅色和黃色各20%、橙色、綠色和藍色各10%，因此，M&M's的巧克力豆也嚴格按照這一數字比例進行袋裝，而由此反映出來的市場銷售量自然也呈核裂變狀態。

行銷智慧

色彩堪稱世界性語言，要使你的品牌具有明顯區別於其他品牌的視覺特徵，更富有誘惑消費者的魅力，刺激和指導消費者，以及增強消費者對品牌形象的記憶，這都離不開色彩的設計與運用。毫不誇張地說，色彩不但具有塑造一品牌個性、提升品牌形象的功能，而且有著不可低估的市場拉動作用。

在產品同質化趨勢日益加劇的今天，在個性化需求行銷主導市場的時代，如何讓你的品牌在第一時間「跳」出來，快速鎖定消費者的目光？答案就是顏色。消費者追求的不僅僅是產品的功能，而是某產品能否體現出其所有者的個性，即消費者更注重的是某產品能否給他帶來個性化、時尚化的需求滿足。

不論是傳承百年，還是新近崛起的品牌，背後都有一隻無形的手在操縱著它。這隻無形的手就是品牌的「思想」，即品牌賴以生存的文化內涵土壤。作為品牌外在重要表現形式之一的色彩，是一種不可替代的世界性語言。

在市場競爭中，只有使用消費者認可的色彩語言淋漓盡致地表現品牌的思想，使色彩成為品牌思想的傳話筒，品牌被消費者和市場接納才可能變成事實。如百事可樂，由於選對神秘悠遠的藍色作為色彩語言，詮釋獨特個性，向新一代傳遞了「在運動變化中不斷求新、向上發展」的品牌思想，色彩語言所展現出來的獨特魅力，使其在消費者心中的價值越來越高。

曾為百事可樂做CI策劃的T·尼埃·威松說：「標誌能表現企業的風格。」同樣，色彩也要表現標誌的風格。在標誌設計中，色彩就是點睛之筆。NIKE是一個致力於運動用品領域的國際品牌，紅色——代表熱情、活力、運動，NIKE選用紅色作為企業標誌標準色，和自身企業文化內涵及產品風格不謀而合，二者相互融合、滲透，使得NIKE在運動用品品牌競爭中魅力四射。假如色彩選用不慎，你的標誌設計得再完美，也會缺少一股靈氣與活力。

色彩也是一把雙刃劍，它既可以讓某品牌「跳」出來紅極一時，也可使之慘遭「封殺」，難覓芳蹤。在選擇色彩時，要充分考慮到不同民族對色彩喜愛的差異存在，做到既要注意時代特色，合乎時代潮流，又要注意民族特色，合乎不同民族的風格，同時還要做到在性別差異、年齡差異和文化修養差異等方面上體現色彩的價值。

在美國，熱情奔放的紅色深受人們喜愛，但紅色在日本人眼裡的地位是較弱的，日本人比較喜歡淡雅的顏色，如白色，它是代表大和民族心裡的顏色。

現代社會宛如資訊海洋，隨時都有排山倒海的資訊浪頭蜂擁而至，消費者置身其中，往往茫然不知所措，能讓其在瞬間接受資訊並做出正確反應，第一是色彩，第二是圖形，第三才是文字。色彩所掀起的視覺風暴，色彩所集結的強大競爭力，足以讓你輕鬆虜獲挑剔的消費者和輕易擊倒比你強壯的競爭對手。在消費者崇尚個性化、競爭品牌層出不窮的今天，面對如此「好色」的上帝，如此窮追不捨的對手，你該如何考慮以「色」取勝？

保羅‧Ｎ‧布盧姆：美國北卡羅來納大學行銷學教授。他獲得了西北大學凱洛格管理學院的博士學位和賓夕法尼亞大學沃頓商學院的MBA學位。他在多家編輯委員會任職，並且在美國行銷學會和消費者調查協會擔任領導工作，他是美國行銷協會行銷思維開發工作組成員，擔任過美國行銷協會行銷與社會特殊利益集團主席。他經常在市場行銷學雜誌上撰寫有關服務行銷、消費者保護、反壟斷以及社會行銷方面的文章，其中一篇獲得《公共政策與市場行銷》雜誌（1987～1991）評選出的傑出論文獎。布盧姆先前出版的著作包括《行銷中的資訊開發》和《MSI經驗》，他還是《行銷與社會手冊》的主編之一。

「小西六」→「柯尼卡」
──給品牌取一個好名字

為了品牌促銷成功，最重要的決策之一就是給產品取個好名字。好名字能把產品品牌與消費者心智中的某個位置連結起來。

「柯尼卡」名滿天下，但「柯尼卡」的原名是什麼，恐怕就沒有幾個人知道了。「柯尼卡」原名「小西六」，是家族式企業。1873年，小西六家族開設了一家專營照相器材和石版器材的小店，這便是小西六公司的前身。20世紀初，小西六聘請法國技師開發照相器材，生產出暢銷的櫻花底片，聲名大噪。

二戰中，小西六由於奉命生產軍用品，以致戰後轉民品生產時，跟不上形勢，喪失了日本照相業霸主的寶座。小西六奮起直追，陸續推出了可攝佳照相機、優美影印機、馬克拿庫斯音響器材及錄影帶等，產品種類不斷增加，營業額及利潤也快速增長。

但是，小西六公司的名字卻並不響亮，人們買底片時都知道櫻花牌的較好；買相機也知道可攝佳不錯，但都和小西六聯想不起來。因此，公司每推出一種新產品，都要重新建立品牌，不能像SONY、松下、柯達那樣，顧客聽說是這些公司的產品，都樂意購買，而不在意是不是新研製出來的產品。在1973年，也正是小西六公司成立百年之際，公司引進了西方經營理論中的企業識別

系統，即CI戰略。公司組織成立了CI委員會，透過大量的調查和研究，委員會認為，必須把公司的各種產品和公司的名稱統一起來，才能有效擴大公司的知名度，並擴大市場。

經過10多年的研究和探索，1986年，公司總經理井手毅然決定把公司的名稱和各種商標統統改為柯尼卡。因為「柯尼卡」與馳名全球的美國照相製品公司「柯達」發音近似，很容易讓顧客聯想到他們的產品。另外，柯尼卡的發音明快、清晰，說任何語言的人讀起來都比較容易、準確，不容易發生誤會。

為了讓這個新名字快速普及，柯尼卡公司不僅在各種媒體上大做廣告，而且還在國內外所屬部門及零售店設立看板。除此之外，公司還在東京、大阪等地，分別舉辦柯尼卡聯歡大會，邀請企業家、新聞界、經銷商、社會名流乃至政界要員光臨，展出更名產品。為了讓顧客們瞭解和記住更名為柯尼卡的底片，他們派出人在大街上，向過往的行人贈送柯尼卡彩色底片。

小西六改名為柯尼卡後，名聲大振，如日中天，如今，他們生產的柯尼卡超高感度彩色底片，放眼全球，幾乎無人能望其項背；醫用X光底片，45秒迅速處理系統無人能及。然而這一切的成功都來自於其名字的改變。

行銷智慧

有些人可能認為，「名稱不過是名稱而已」！但有日益增多的證據顯示，一種產品的品牌名稱都扮演著重要的角色。不要小看品牌的名稱，一旦沒有取好名字，那麼，產品行可能會泥沉大海。

臺灣有個發明家曾發明了一種非常實用的物品——「兩用刷」。一面是刷子，另一面則是肥皂，還可以接在水龍頭上使用，十分方便。

發明之後，他費心思量想出「鴛鴦刷」這個名字。用鴛鴦代表兩用，又貼切、又浪漫，於是「鴛鴦刷」經過豪華包裝後，推出了市場。

不料，這個刷子的銷路奇差！他百思不解。後來才得知問題出在命名上，有些人以為是「鴛鴦戲水」，用來洗澡，刷子太硬，刷背刷得傷痕累累，而其實兩用刷實為洗廁之用。

日本著名行銷專家山上一郎說：「現代暢銷商品的條件是什麼呢？一是命名，二是宣傳，三是經營，四是技術。」命名列在了暢銷商品的第一條件，他說：「一個能夠表明商品特徵和使用方法、性能的命名，往往能左右該種商品是否暢銷的大局。」由此可見，產品必須名副其實，好的產品加上好的名稱，將為其打開市場產生關鍵性的作用。

好名稱的威力是巨大的。一個能夠表明商品特徵和使用方法、性能的命名，往往能左右該種商品銷售的大局。命名是做生意獲取成功的重要因素。

約羅姆・傑瑞・韋德：著名的行銷學專家，美國沃頓商學院行銷系主任。電子商務專案的創始人，被譽為「沃頓的靈魂」；全球著名的行銷學作家之一；SEI管理學研究中心的創始人兼董事。韋德先生還擔任不同行業裡的各大國際知名公司的顧問。

科龍這樣抓住消費者
——運用整合行銷

當今資訊時代，媒體眾多，資訊龐雜，消費者無所適從，企業需要調整傳播手段，強調差異化的傳播，並對各種傳播手段加以科學整合，使企業向消費者傳遞的資訊和諧、一致。

廣東科龍電器股份有限公司是中國最早生產冰箱的企業之一，冰箱年產達800萬台，冷氣年產400萬台，在中國冰箱及冷氣市場均佔有重要地位。

而以下是科龍的整合行銷：生活規律的消費者，早上醒來打開收音機，聽到的是一則科龍集團贊助社會「龍騰」科技基金的報導；出門上班，看到的是科龍冷氣、冰箱的巨幅戶外廣告；如果看報紙，看到的則是科龍集團的「科技精品大放送」的全國促銷活動的廣告；晚上回家打開電視機，還能夠看到科龍集團重賞科技功臣的電視專題報導。這樣，科龍的資訊都是連貫的，它整合了各種媒體、各種時間段，突出了「科技」這個主題，因此，使得消費者對「科龍」這個品牌產生了情感上的認同，進而激發了他們購買科龍產品的欲望和動機，這也是整合行銷傳播抓住消費者、打動消費者的核心要點。

行銷智慧

菲力浦・科特勒認為：企業所有部門為服務於顧客利益而共同工作，其結果就是整合行銷。整合行銷，是一種實踐方法。它是以企業由內向外的戰略為基礎，以整合企業內部、外部的資源為手段，以消費者為重心而重組的企業行為。科龍集團的整合行銷傳播切合了多品牌運作的需要，為多品牌策略提供了

新的思路。整合行銷傳播部門將資源整合起來，合理的的規劃傳播資源，做到既全面，又能突出重點，根據多品牌的戰略，針對各個品牌的不同，做好各品牌的規劃、管理和傳播。

整合行銷的目的就在於使企業所有的行銷活動在市場上針對不同的消費者，進行「一對一」的傳播，形成一個總體的、綜合的形象和情感認同，這種消費者細分以建立相對穩定、統一的印象的過程，就是塑造品牌，即建立品牌影響力和提高品牌忠誠度的過程。

當今資訊時代，媒體眾多，資訊龐雜，消費者無所適從，企業需要調整傳播手段，強調差異化的傳播，並對各種傳播手段加以科學整合，使企業向消費者傳遞的資訊和諧、一致。如今，在同一賣場，同類的產品擺上貨架，售前、售中、售後服務都是如出一轍。消費者難分優劣，市場競爭變得更加激烈和殘酷。在這樣的情況下，企業如何實現差異化？如何才能贏得更多的顧客？

整合行銷理論認為，整合行銷的關鍵在於真正重視消費者的需求，與消費者建立良好的雙向溝通，透過雙向溝通，雙方建立長久的「一對一」的產銷關係，以滿足消費者需要的價值為取向，確定企業的行銷策略，協調不同的傳播手段，把握不同的傳播工具的優勢，樹立自我品牌的競爭優勢，提高消費者對品牌的忠誠度和滿意度，最終達到提高市場佔有率的目的。

> 維傑‧瑪海簡：美國德克薩斯大學商學院行銷學教授，著名行銷學專家，多家國際知名公司的行銷顧問。他還擔任數家新興技術公司的董事會顧問，並著有一批獲獎圖書和文章，如《新產品傳播模式》。瑪海簡在革新傳播、市場調研以及市場戰略等方面做出了很大貢獻。

娃哈哈的多元化
——品牌延伸當慎行

品牌是橡皮筋，你越伸展一個名稱，它就會變得越疲軟。品牌延伸應當慎行。

2002年6月，娃哈哈在杭州舉行首屆童裝訂貨會，有多達2000餘家經銷商到場。2002年8月，娃哈哈集團一次性在全國開了800家娃哈哈童裝專賣店。2003年3月，娃哈哈童裝獲「綠色童裝」認證金獎。娃哈哈集團高層高舉多元化大旗宣誓要「打造中國童裝第一品牌」。

娃哈哈有過幾次相當成功的品牌延伸，但這次的童裝品牌的開發顯然頗為急功近利，而導致後勁不足。根據報導，北京等地的娃哈哈童裝專賣店開張後一段時間內，市場反應並不像人們想像的那麼好。而那些幾個月前還在追捧這個童裝「新秀」的經銷商也開始另謀出路，賣起了其他品牌的童裝。

這絕不是簡單的終端管理不善問題，而是有其深層次原因的。「娃哈哈」最初是一種兒童營養飲品的品牌，它明確的市場定位使得它迅速的贏得了孩子們的好感，使該產品迅速打開全國市場。如今它試圖打造中國童裝第一品牌，顯然和它慣有的市場形象不太契合，反而會讓人產生無所適從之感。許多消費者面對電視中由帥哥靚妹做的那個「我的眼裡只有你」的娃哈哈純淨水廣告，臉上充滿困惑，心中原有的那種「娃哈哈是很好的兒童營養飲品」的信念已經模糊和動搖。

行銷智慧

　　的確，有不少企業成功地實施了品牌延伸策略。例如，SONY公司就用一個品牌推出了它的所有產品。然而，品牌延伸的失敗案例更是比比皆是，以致於許多專家把品牌延伸視為陷阱。美國著名的行銷戰略專家阿爾‧里斯說過：「品牌名稱是橡皮筋，你越伸展一個名稱，它就會變得越疲弱。」

　　中國的三九集團以「999」胃泰起家，企業的品牌經營非常成功，以致於消費者把「999」視為胃泰這種藥物的代名詞。然而，三九集團隨後卻進行了品牌延伸。如果說，企業把「999」延伸到感冒靈，消費者尚可接受，如果把「999」延伸到啤酒可就讓消費者不知所措了。雖然廣告上說的是「九九九冰啤酒，四季伴君好享受」，但是消費者一拿起這種啤酒，第一個潛意識的反應恐怕是聯想起999胃泰這種藥，喝帶有「心理藥味」的酒自然不是一種好滋味。如果進一步聯想到飲酒過量會傷胃，九九九冰啤還會有好的銷路嗎？

　　名牌產品在消費者心中獲得了定位成功，而不當的品牌延伸卻可能損害這種有利地位。如果品牌被用在另一類產品上的時候，那麼，這一品牌在消費者心中就難以再成為原類別的代名詞，在這種情況下，其他品牌很可能趁虛而入，篡奪原品牌在消費者心目中的位置。特別是把高級品牌使用在次級產品上，則更加會損害原品牌的高品質形象。

　　同樣，品牌延伸也容易使原品牌無法再成為某一產品特定屬性的代表，使該產品在消費者心目中原本清晰的印象變得模糊不清，逐漸被消費者淡忘，最終被其他產品所取代。所以，品牌延伸應當慎行！

羅伯特‧E‧昆森：美國昆森通信公司董事長，著名的行銷學家。曾經以合作者的身分參與創作了10餘部著作。

第七章

種棵大樹好乘涼：

產品策略也是制敵機先

買櫝還珠——合適的
包裝可以使產品增值

對於任何商品來說，「金其裡」固然好，但「玉其外」同樣不可或缺。

有個楚國人，他有一顆漂亮的珍珠，並打算把珍珠賣掉。為賣個好價錢，便動腦筋想將珍珠包裝一下，他覺得有了漂亮的包裝，那麼珍珠的價值就會更高。於是楚國人便找來手藝高超的工匠，為珍珠做了一個盒子。然後，在盒子的外面雕刻了好看的花紋，還鑲上漂亮的金屬花邊，看起來閃閃發亮，實在是一件精緻、美觀的工藝品。於是，楚國人將珍珠小心翼翼地拿到市場上去賣。

到市場後，很多人都圍上來欣賞。一個人將盒子拿在手裡看了半天，愛不釋手，終於出高價將盒子買下來。買主付過錢後，便拿著盒子往回走。可是沒走幾步他又回來了。只見買主將打開的盒子裡的珍珠取出來交給楚國人說：「先生，您將珍珠放在盒子裡，忘了取出。」於是買主將珍珠還給了楚國人。楚國人拿著被退回的珍珠，十分尷尬地站在那裡。

行銷智慧

這則故事常用來比喻那些取捨不當、捨本逐末的不理智行為，告誡人們不要被華麗的裝飾所迷惑而丟掉真正有價值的東西。但從現代行銷學的角度來看，它也從側面反映了商品包裝的重要性。對於任何商品來說，品質好當然是必要的，但「金玉其外」同樣不可或缺。著名的「杜邦定理」指出，63%的消費者是根據商品的包裝進行購買決策的。往往同樣一件商品，注重包裝和不注重包裝的效果是完全不一樣的。

中國民間自古就有「貨賣一張皮」的說法。一種產品如果包裝精美，圖畫設計賞心悅目，常常能夠引發消費者購買欲，尤其是誘人的贈品能使消費者的購買欲望得到進一步強化；而粗糙的外包裝，會讓人看後不會引起任何「知覺」，這樣的商品就難以贏得消費者的認可。產品的品質、性能一般是經過使用後才可知曉，而外包裝卻是看得見、摸得著的，在沒有認同一種商品前，商品的外包裝便會產生一種「導購作用」。

商品包裝日益精美，是社會物質文化生活進步的一個象徵。近些年來，為適應市場經濟發展和人民生活水準提高的需要，企業漸漸悟出包裝的重要性，不惜花大力氣在產品的包裝上下功夫。以求產品提升品味，樹立品質形象。放眼全球市場，那些內在品質好、外包裝又好的商品更容易贏得人們的青睞。

合適的包裝可以使產品增值。那麼，如何對產品進行完美的包裝呢？

1‧包裝應給予人美感

設計時要考慮消費者的審美觀，使消費者能從包裝中獲得美的享受，並產生購買欲望。如女性用品包裝要柔和雅潔，精巧別致，突出藝術性和流行性；男性用品包裝要剛勁粗獷，豪放瀟灑，突出實用性和品味性；兒童用品包裝要具體生動，色彩鮮豔，突出趣味性和知識性，以誘發兒童的好奇心和求知欲等。

2‧包裝袋應尊重民族習慣

包裝上的文字、圖案、色彩等不能和目標市場的風俗習慣、宗教信仰發生抵觸。同樣的色彩和圖案，對於不同的消費者，可能具有迥然不同的含義。中國人慶祝節日喜歡用紅色，而日本人互贈白色毛巾；埃及人喜歡綠色忌用藍

色；法國人卻討厭墨綠色，偏愛黃色。歐洲人認為大象呆頭呆腦，中國人則認為牠憨態獨具；法國人視孔雀為吉祥鳥，瑞士人把貓頭鷹看做死亡的象徵；烏龜的形象在許多國家和地區都代表醜惡，而在日本表示長壽。

3．包裝應能顯示商品的特點和獨特風格

對於外形和色彩表現其特點的商品，如服裝、裝飾品、食品等，包裝應向購買者直接顯示商品本身，以便於選購。

此外，包裝上的文字說明應實事求是，如產品成分、性能、使用方法、數量、有效期限等要符合實際，以增強顧客對商品的信任；包裝還應方便消費者購買、攜帶和使用，這就要求包裝有不同的規格和分量，適應不同消費者的需要。包裝既要保持密封性，又要便於開啟、使用。

在現代行銷活動中，包裝已不再只是產品的容器，更成為一種有效的促銷工具。無論企業選用何種包裝方式促銷，都別忘了潮流的脈動，要跟著時代的步伐，尤其觀察近來消費者興趣、嗜好和動向，不忘投其所好。如果真能長此發展，引導企業迎向成功坦途的新創意和新策略，自然會層出不窮！

羅伯特・舒克：美國著名行銷員、作家。舒克出生於美國加利福尼亞州洛杉礬市，畢業於德克薩斯大學。1962年與父親一起進入富達州際保險公司，開始了銷售人壽保險的生涯。11年後，羅伯特・舒克和父親合夥開了一家人壽保險公司——美國經理人壽保險公司。自1978年起成為全職作家，其代表作有《全面承諾》、《完美的行銷解說》、《10位最偉大的銷售人員》、《最佳銷售故事》、《本田：美國的成功故事》等。

紳寶進軍昂貴車
——高價也有優勢

市場是天平，顧客的購買心理是砝碼，追求物美價廉是消費者們一種普遍的心理。高價促銷依然有生存的空間。只要把握好尺度，高價也有銷路。

二戰期間，瑞典的紳寶公司以製造戰鬥機而聞名。戰後，紳寶利用自己的專業技術，按照製造飛機的高要求，生產了一種小型、廉價的汽車。到了20世紀70年代末，汽車業競爭加劇，美國的通用和日本的豐田在生產經濟車方面競爭十分激烈。紳寶公司也面臨著是生產經濟車還是生產昂貴車的選擇。

經過研究決定，紳寶選擇了生產昂貴車。因為，經濟車每部車利潤太小，又有著通用、福特等大公司的競爭，紳寶只有每年生產25萬輛以上的汽車才有能獲得利潤。而生產昂貴車，每輛車利潤高，儘管銷售總量少，但紳寶有自己的技術優勢，生產起來駕輕就熟，可以滿足這一要求。

紳寶公司預計，到80年代末，跑車市場將急劇擴大，購買這類跑車的顧客年齡在25～44歲之間，他們有著較好的工作，薪水高，比較富有。他們需要品質高、性能好、駕駛舒適和服務良好的汽車，而且他們不太在乎價錢。從1979年起，紳寶汽車公司推出了新的SAAB900型渦輪增壓車，價格是每輛 2萬美元，這個價格在美國極其昂貴，即使「凱迪拉克」通常也是這個價格。

廣告強調它是高性能、新款式、獨特形象、獨一無二的高級車，同時還能提供消費者想要的各種高級設備。

透過適當地促銷和銷售管道策略，許多人對紳寶汽車產生了強烈的購買欲望。1983年，紳寶車在美國的銷售量超過2.5萬輛，市場出現供不應求的局面。有些經銷商甚至以拍賣方式將車出售給出價最高的人。這一年，紳寶汽車銷售增長率為42%，成為汽車行業中銷售增長率最高的一家。

行銷智慧

使用價格武器開展促銷有著獨特的優勢。一般來說，顧客都有「一分價錢，一分貨」的看法。只要產品優質，服務周到，高價也是可以暢銷的。

商品定價是一門科學。定價並不是把價格定得很低才好，而要講究定價的靈活多變，要有與眾不同的定價特點。價定得科學、合理，這樣才能吸引顧客，刺激顧客的購買欲。經過科學定價的商品，不但好賣，還能帶動其他商品的銷售，建立企業品牌。

高價策略是指企業對效能大、品質高的新產品制定較高價格的定價策略。其特點是要在其他競爭者因利潤進入市場之前，在最短時間內把錢大量賺回。採用該策略時，價格在產品生命週期開始階段往往定得高，隨著時間的推移，價格將分段下降。

能恰當的使用「巧妙定價，高價促銷」這個方法並不容易，它不僅需要靠

對現實情況的準確把握，對經濟理論的掌握和運用，有時還需要靠靈感和直覺的發揮。只有掌握了天時、地利，將三者結合起來，繼而進行巧妙定價，才能收到最好的市場效果。

總之，如果有真正優異的產品，高價策略是行得通的。但是，價高的幅度、產品的差異、產品的性質都需要仔細研究。日常消費品如果價格高，通常會影響其銷路。

如果產品優質且差異明顯，並搭配不太大的價格差異，則產品銷路會很容易打開。高價策略一旦成功，可為企業創造厚利，並為以後調整價格留下餘地。

克里曼特・斯通：美國保險業鉅子，也是創富學的第三代祖師，更是一代保險行銷奇才，36歲時，克里曼特・斯通成了一名百萬富翁。他還是PMA（積極的心態）哲學和《成功無限》雜誌的創始人。1960年，他和美國暢銷書《動腦發大財》的作者拿破崙・希爾合作，寫了《利用積極的人生觀走向成功的方法》一書，這本書總共銷售25萬本。

就是兩間房間採光不足
——不隱瞞產品缺陷

企業在行銷自己的產品時，不一定要把產品說得完美無缺，無所不能。有時老老實實地說出產品的缺點，會使企業及企業的商品更具魅力。

「您好，是張先生嗎？我是上次跟你通電話的小朱。」「噢，我知道，小朱，上次我們看的房子我不太中意。」

「您不是需要一間公寓嗎？我找到了一間較適合您的房子。在C座第5層，是3房1廳，雙衛，環境幽雅，孩子上學也方便。您還有其他問題嗎？」「我昨天剛看了一間公寓，大致與你說的類似，不過我也可以抽時間看看你說的，做一個比較。」

「我也認為應該多比較，我現在幫您介紹的這間房子，本來我覺得是比較理想的，可是研究過後還是有些不如意，這間房子，沒有什麼其他問題，就是兩間房間採光不足，而且夕照時間特別長，社區也沒車庫，比同一地區其他的公寓價格要優惠5％，可以採用分期付款，頭期款25％，銀行貸款利率為0.8％。」「我確實需要一個安靜的環境，選這個地段主要是為了我妻子上班比較近。至於採光，比我們一直住的一樓要好許多。不過，我們的車能停在社區什麼地方呢？」

「您的車可以停在公寓前面的空地上，如果明天您有時間可以帶著您的夫人一起來看看這間房子。」「那明天下午3點吧！再見！」

行銷智慧

講信用是企業成功之本，顧客在購買企業的產品時，有知道事實的權利，企業也有告知顧客事實的義務。企業在行銷自己的產品時，不一定要把產品說得完美無缺，無所不能。有時老老實實地說出產品的缺點，會使企業及企業的商品更具魅力。

有時候往往由於行銷員過於完美的行銷說辭，反而會引起客戶的懷疑。而一旦客戶接觸了產品，發現了缺陷，又會產生受騙上當的感覺。只有向客戶真實反應產品的優缺點，站在客戶的角度思考問題，才能贏得客戶的信任。

高爾文是摩托羅拉的創始人，他曾以令人尊敬的行銷方法──告訴人們真相，而獲得巨大的成功。高爾文說：「告訴客戶真相，第一是因為這樣做是正確的，第二是不管怎樣弄虛作假，客戶最終都會發現的。如果他們一時沒有從我們這裡發現，最終我們還是會吃苦頭的。」

永遠不要把產品的缺陷當成一項秘密，這只會破壞你的信用。把產品的缺陷當著客戶的面說出來，想辦法把它轉化成你的優勢。幫客戶介紹你的產品或服務的缺陷，可以使客戶對你以及你的產品更加信任，可以放心大膽地購買你的產品，也可以贏得新客戶、留住老客戶。

法蘭克・貝德佳：美國的「超級行銷大王」，在30多年的保險行銷生涯中，以其艱辛的奮鬥歷程和輝煌的業績，贏得了「保險行銷教父」的稱號。在保險行銷中，貝德佳十分重視語言的藝術，他認為：「交易的成功，往往是口才的產物。」

諾利的新行銷手段
——給產品注入情感色彩

成功的行銷不僅提供實用、實惠的產品，還要使自己的產品具有人情味，讓每個產品都有自己的生命，以其獨特的款式、包裝、色彩、名稱等吸引消費者。

美國麥爾維爾——高浦勒斯製鞋公司，當今世界製鞋業首屈一指的製鞋公司，產品遍銷全球，年銷售額高達60億美元。其產品之所以能夠如此暢銷，除了產品質優價廉外，還與公司領導者費蘭西斯·諾利使每一雙鞋充滿人情味有著千絲萬縷的關聯。

麥爾維爾——高浦勒斯製鞋公司的產品曾一度滯銷，而費蘭西斯·諾利正是在公司處於舉步維艱之際擔負起總經理重任。對消費心理學有過深入研究的諾利上任後，採用新的行銷手段，賦予產品感情色彩，不僅使公司轉危為安，而且還創下了不俗的利潤。諾利認為，市場是企業和消費者進行情感交流的場所，要使產品獲得消費者的青睞，就必須賦予產品情感。因為當今很多消費者購買鞋子已不僅僅出於防凍和護腳的需要，而更多是為了顯示個性和生活水準。所以，要促進鞋的銷售，必須使鞋子體現出不同的個性和情感。以其獨特鮮明的形象、獨特的魅力吸引眾多的顧客。

諾利要求該公司的設計人員設計出各種風格迥異的鞋，並賦予鞋子不同的感情色彩，如「男性情感」、「女性情感」、「野性感」、「優雅感」、「老練感」、「輕盈感」、「年輕感」、「沉穩感」等等。這些情感的表現形態，有式樣的別致性，也有色彩的和諧性；有簡繁之別，也有濃淡之分。這些不同特徵的

「情感鞋」，迎合了不同顧客的需求。此外，麥爾維爾──高浦勒斯公司還給每一雙鞋取了一個稀奇古怪的名字，諸如「笑」、「淚」、「愛情」、「憤怒」、「搖擺舞」等等，恰似有生命的物體，令人耳目一新。

果然，給鞋子賦予不同的感情色彩之後，人們紛紛爭相購買麥爾維爾──高浦勒斯公司的產品，使麥爾維爾──高浦勒斯公司步入了銷售的巔峰期。

行銷智慧

成功的行銷不僅提供實用、實惠的產品，還要使自己的產品具有人情味，讓每個產品都有自己的生命，以獨特的款式、包裝、色彩、名稱等吸引消費者。這樣可以促使消費者對產品產生喜愛之情，用購買的產品來標榜自己的獨特個性。身為優秀的行銷者，要善於領先而正確地把握消費者的心理需要，對消費者的個性化需求提前做出積極的回應。以下就是給產品注入情感的要點：

1‧使產品更具個性色彩

色彩是一個產品整體印象中最醒目的部分，也是最能體現消費者喜好、習慣的關鍵要素。要在這一點上抓住消費者的目光，就必須充分瞭解具備不同性格的消費者在不同季節、不同場合下的消費需求，進而組合出能最大化滿足顧客的色彩種類。

2‧使產品的款式更新穎、更獨特

款式是一個企業產品區別於其他產品的重要元素。企業應該根據市場調查的結果盡最大可能地變換產品的款式，使之在同類產品中脫穎而出，滿足消費者標新立異的情感訴求。

3‧使產品名稱擬人化、情感化

好的名稱，能夠引起消費者情感上的共鳴，誘使消費者進一步瞭解該產品的其他情況。在給產品取名字的時候，要盡量擬人化、情感化。

4‧使產品的包裝最能吸引消費者

好的包裝能在第一時間內緊緊抓住消費者的目光，因此，產品的包裝要突出其個性化、高層次的特點，使之更能吸引消費者。

新產品剛投入市場時，最先靠的是產品的獨特性和價格優勢，隨之而來的是品質的角逐。當市場中同類產品眾多，產品品質相差無幾時，單純靠價格及品質已經不容易打開產品的銷路，這時就要採用更高級的行銷戰術，來巧妙地利用顧客的情感心理了。

齊藤竹之助：世界首席行銷員，於1919年日本慶應大學經濟系畢業，同年進入日本三井物產公司，後任三井總公司參事。1950年退職後任美國駐日本某商會顧問，中央衛生福利事業公司常務理事。1952年，57歲的齊藤竹之助進入日本朝日生命保險公司，從事行銷人壽保險的工作，1958年以6.8億日元的優異成績創下日本最高銷售記錄，成為日本首席行銷員。1963年，他的行銷額高達12.26億日元，成為美國MDRT（百萬美元行銷員）協會的會員，隨後4年中，他作為唯一的亞洲代表，連續4次出席MDRT協會舉辦的例會，並被該協會認定為終身會員。1965年，72歲的他一年內完成了4999份合約的簽訂任務，成為世界首席行銷員。他認為，「只要做，就能成功」。

朱呈的糖葫蘆
——追求產品差異化

差異化的過程，實際上就是一個創新的過程。作為行銷的原點，產品差異化直接影響品牌的生存。

朱呈，山東臨沂朱老大集團董事長，她的成功正是依靠差異化經營策略。

朱呈原本是一家國營企業的普通女工，1997年失業，失業後她為了生活，開始製作糖葫蘆出售。為了提升冰糖葫蘆的口感，朱呈把山楂果的核挖掉，而採用果醬、巧克力、豆沙等原料做成夾心糖葫蘆，這種糖葫蘆不僅口感極佳，而且還可以透過冷凍的辦法在夏季出售，具有其他糖葫蘆所沒有的特性，投入市場後出奇地受歡迎。

於是朱呈抓住機遇、擴大規模、迅速發展，先後在浙江、陝西、山東、河南等地創建了加工分廠，使糖葫蘆的年銷售量達數千萬支之多。

之後朱呈又建起了大酒樓，只要去那裡用餐的顧客，都可以免費享受到冰糖葫蘆，在吸引更多人去用餐的同時，又進一步推廣了她的糖葫蘆。

短短幾年中，朱呈由一個普通失業工人變成了一個擁有幾千萬資產的女老闆。朱老大集團公司的一位負責人曾在採訪中說：「我們做任何事情就要做到最好，做出自己的品牌。我們的糖葫蘆在同類產品中首屈一指，我們的水餃獲得12個國家高級營養師的認可，我們把一些商品已經註冊了商標，成為深受消費者歡迎的產品。」

行銷智慧

差異化戰略，就是你無我有，你有我精的特色行銷策略，是經過細分後市場致勝的奇策。全球競爭力學家、哈佛大學教授麥可・波特對於「差異化」是這樣闡述的：「差異化在市場行銷中是非常重要的，企業要不斷地反省自身，看自己有沒有做到了與競爭對手的差異化，如果沒有的話，企業一定是在走下坡！」

所謂差異化戰略，就是企業經過調查向市場提供的獨特經營方式，它具有個性化的優良品質，和較強的利益內涵，是在競爭激烈的市場經濟中，在產品同質化越來越普遍的情況下，向市場展示並獲得市場認可的別具一格的行銷戰略。

在現代市場競爭中，產品差異化歷來被各企業高度重視，差異化的產品能使企業區別於其他一般的企業，樹立起一個高品質的良好形象，在各種市場環境下都能做到脫穎而出，贏得更多的市場佔有率。

在如今的市場上幾乎沒有一種產品沒有競爭對手，今天有一種產品在市場上暢銷，明天就會出現同類產品來分一杯羹，這種同類產品的競爭已經越來越普遍了。在這種情況下，企業應該努力的開發自己產品所具有獨特文化內涵，從產品的設計、包裝以及附加功能上尋找與同質產品的區別點，形成自己的品牌優勢，提供更多的產品種類，這樣才能保證企業的持續發展。

差異化的過程，實際上就是一個創新的過程，企業要積極尋找市場空白

點，挖掘潛在用戶需求，透過創新品牌價值，創新產品功能，創新服務增值，為用戶提供新的消費體驗，在不斷的創新中加大差異化程度，延續對用戶的吸引力，進而確立更大的競爭優勢。

常規的思維是，品牌是企業的靈魂，是企業最重要的資源，產品只是品牌的一部分。而實際上，現今中國的行銷還沒有達到品牌消費的時代，真正重要的是還是產品。行銷工作的重點還是應該圍繞產品展開，而不僅是圍繞品牌展開。只有先找出產品的賣點，才能保證行銷的成功。

在找出產品賣點的時候，也要打破遊戲規則，只有差異，只有不斷的創新，才會有好的產品賣點。

林國慶：1974年到美國求學並取得教育碩士學位。在1982年開始銷售保險的一年後，即榮登美國百萬圓桌協會的會員殿堂，而今已是MDRT的終身會員。1983年成為紐約人壽首席顧問。她的銷售成績17次達到頂尖會員的資格。1991年，她的名著《平凡中的不平凡》，使她躋身於《美國名人錄》與《國際名人錄》之上。

克雷奧拉蠟筆的96種顏色
——進行持續的產品改良

持續的產品改良是一種穩紮穩打的戰略，特別是在產品居於領先地位時，不斷改良是延長其生命週期的法寶。

貝內——史密斯公司創立於1903年，在以後的90多年間，該公司所生產的克雷奧拉蠟筆成了美國甚至世界上其他60多個國家裡的一種家庭常用品。在克雷奧拉蠟筆的包裝盒子上用11種文字印刷，如果把1年裡生產的克雷奧拉蠟筆首尾相連，足以繞地球4圈半。

從1993年至今，克雷奧拉始終是第一品牌。看起來克雷奧拉蠟筆似乎並沒發生多大變化，蠟筆還是用與原先幾乎同樣的方式手工製成，並且一直採用低價格的策略。其實，為了繼續讓克雷奧拉蠟筆保持旺盛的市場生命力，克雷奧拉一直進行著持續的產品改良與調整。

許多年來，公司一直持續地增加新形狀、新包裝、新型號和新顏色，如在1903年，克雷奧拉筆只有紅、黃、藍、綠、橘黃、褐、黑和白8種顏色，而到1949年時增加到48種，1958年達到64種。到1972年，公司又新增8種螢光顏色，而且還逐一取了個時髦的名字。它還開闢了一條新的螢光產品線，以製造會發光的蠟筆。最近幾年，克雷奧拉又推出了16種裝有迷你小氣味囊的新式蠟筆，其中包含有巧克力口味、水果口味、泡泡糖口味等。如果用蠟筆在紙上作畫時，這些氣味便會四處洋溢。到現在，克雷奧拉蠟筆已成長為擁有96種顏色和各式各樣包裝的蠟筆艦隊。克雷奧拉持續的產品改良還將一直進行下去……

行銷智慧

現代行銷學之父菲利浦·科特勒指出：「持續的產品改良是一種穩紮穩打的戰略，特別是在產品居於領先地位時，不斷改良是延長其生命週期的法寶。」這種行銷決策是以產品自身的改變來滿足顧客的需要，吸引不同需求的顧客。

產品改良包括特性改良、式樣改良、品質改良及附加產品改良幾個方面。特性改良就是增加產品新的特性，如大小、重量、材料、附加物等，以此來擴大產品的適應性，使其更加安全、方便，這種改良策略花費少、收益大，但是易被模仿，故只有率先改良才能獲利；式樣改良就是進行款式、外觀及形態的改良，形成新規格、新花色的產品，進而刺激消費者的需求；品質改良既可以提高產品的耐久性、可靠性、安全性，也可以將產品從低檔上升為高級，或從高級變為低檔；附加產品改良就是向消費者提供優質的服務、優惠的條件及技術諮詢、品質保證、消費指導等。

在實施產品改良策略時，企業應以市場需求變化為中心，尊重消費者的選擇，以迎合和滿足消費者為宗旨，這樣才能達到刺激消費的效果。

李·艾柯卡：美國著名企業家，曾擔任福特公司、克萊斯勒公司總裁。1924年10月15日，李·艾柯卡出生於美國賓西法尼亞州艾倫鎮的一個義大利移民家庭。他從一個默默無聞的行銷員扶搖直上，登上美國福特汽車公司總經理的寶座。後又當上克萊斯勒汽車公司的總裁，把這家瀕臨倒閉的公司從險境中拯救過來，使之成為全美第3大汽車公司。

第 八 章

讓大家都知道
你的存在：
做最有效的廣告

可口可樂的驚人之舉
──酒香也怕巷子深

廣告是企業行銷不可或缺的手段。能否有效地使用廣告將直接關係到企業行銷的成敗。

可口可樂公司的前任老闆伍德拉夫有一句名言：「可口可樂99.61%是碳酸、糖漿和水。如果不進行廣告宣傳，那還有誰會喝它呢？」

零點調查公司做過調查，結果顯示，92.7%的人喝過各類的可樂，而在消費者中，對飲料的購買，有75.4%的受訪者承認自己的選擇受廣告影響。

曾經有一位業內人士也評說，「可樂的毛利率在15%～20%之間，口味差別不大，主要是宣傳，形象宣傳好了，市場佔有率自然也就高了。」

可口可樂1886年的營業額僅為50美元，廣告費卻為46美元；1901年營業額12萬美元，廣告費為10萬美元，如今每年的廣告費竟超過6億美元。如果算一算，1886年可口可樂投入的廣告費為92%，1901年為83.3%，可能只有這個92%和83.3%的驚人之舉使可口可樂這種99.61%都是碳酸、糖漿和水的飲料，銷售世界第一。

我們再來看看北京信遠齋的酸梅湯。酸梅湯，貨真價實的優質酸梅，上等白糖，內容物絕不比可樂差，口味又勝過可樂10倍。但時至今日，想要買瓶信

遠齋酸梅湯，那可真是難上加難。20世紀50、60年代，家家戶戶誰不愛喝酸梅湯，市場大得驚人。然而，信遠齋這個百分之百的好產品竟連百分之一的市場都沒有，這正如伍德拉夫所說：「如果不進行廣告宣傳，那誰還會喝它呢？」

行銷智慧

邱吉爾說：「廣告充實了人類的消費能力，創造了追求幸福生活的欲望，它為我們建立了改善生活上的目標，也促進了人類奮發的意志和努力生產。」

廣告是透過一定媒體向用戶行銷產品或招徠、承攬服務以達到增加瞭解和信任以致擴大銷售目的的一種行銷形式。當今世界，商業廣告已十分發達，很多企業、公司、商業部門都投入了大量資金進行廣告宣傳。歐美與日本的廣告費支出已占國民生產總值的2%～2.5%，日本廣告費用最多的7家公司，廣告費支出占該公司銷售總額的9.1%～29.4%。

有人把廣告比作資訊傳播的使者、行銷的推進器、企業的「介紹信」、產品的名片，也有人認為，在今後的社會裡，沒有廣告，產品是很難賣出去的，沒有廣告，企業也無法產生效益。這就是說，廣告是企業行銷不可或缺的手段。能否有效地使用廣告，直接關係到企業的成敗。

廣告是勸說的藝術，同時又是重複的藝術。但廣告的「勸說」並非一蹴可幾，也很難一經「廣而告之」就一舉成名，取得轟動效應。實際上，在現實生活中，更多的情況則是需要廣告的重複。廣告只有不斷地重複刊播，才能讓所有廣則告之的

產品，給群眾留下深刻的印象，進而被完全接受。

要不然，怎麼會有「可口可樂」、「萬寶路」、「IBM」等世界知名品牌是不斷地用金錢堆積起來的這種說法呢？

大規模生產需要市場，廣告是為顧客提供產品資訊且勸告顧客購買的方式之一。廣告是和大規模市場溝通的唯一方式，能夠發揮其行銷的重要資訊。俗話說：「皇帝的女兒不愁嫁。」但事實是：「皇帝女兒要出嫁，還得相親一番話。」

羅伯特・伍德拉夫：美國田納西大學行銷學教授，工商管理學院行銷系主任。研究領域主要涉及顧客價值和滿意理論、市場機遇分析以及基於顧客價值的行銷戰略決策。曾多次獲得了傑出教育獎和傑出研究獎。他還是《市場行銷雜誌》、《行銷學協會》和《市場行銷戰略》3本行銷界頂尖期刊的編委會委員，曾兩次榮獲《行銷科學協會》授予的「傑出評閱人獎」。

只有5萬多
──廣告要注重實效

要懂得如何用廣告促進企業產品的銷售，提高效益，讓廣告發揮它應該有的作用，而不是為了廣告而廣告。

早上7點，一個老闆模樣的中年男人又準時出現在十字路口。他的手裡拿著一個碼錶，不時地看一看過路人，若有所思的樣子，還不時地在一張紙上記錄著什麼，這一情況已經連續出現10天了。附近的人們都不知道這個男人在做什麼、要做什麼，有的甚至還以為他的神經有毛病。

1個星期過後，這個中年人又出現在這個路口，他正忙著指揮一些人製作一個大看板，確定地點、擺好架梯、固定看板……

在他們的身邊有一群人圍觀，一個人禁不住問中年男子：「我看見你前一段時間老在這裡閒逛，是不是為了這個看板啊？」

中年男子微笑著回答：「是啊！我每天都會記下這裡行人的大致數目，觀察他們，看他們的消費水準和精神狀態，我還會留心他們目光停留的地方和時間……」

那個人崇拜地問：「你對這個看板這麼認真，這筆廣告費用應該很大吧？」

「不大，只有5萬多！」中年男子平靜地回答。

看板製作出來，人們才知道這是一家世界有名的跨國公司。

行銷智慧

廣告的實質，第一是銷售，第二是銷售，第三還是銷售。廣告必須達到「實效化」，這是產品成功所必須的條件，也是企業所必須掌握的原則。一個5萬多的看板對於一個知名的跨國公司來說，只是九牛一毛而已，可是他們卻是這麼認真。論實力，這家公司可以對市場實行狂轟亂炸，製造轟動效應，但是他們沒有。因為他們懂得如何用廣告促進企業產品的銷售，提高效益，讓廣告發揮它應該有作用，而不是為了廣告而廣告。

最實效的廣告是決定廣告傳播能否取得成功的關鍵。廣告作為傳播產品資訊的工具，促進銷售的重要手段，其目的說穿了是「賣貨」，即實效化。沒有實效化，任憑廣告做得再花俏，投入得再多，結果只能是曇花一現，在消費者的心中留不下一點痕跡！

在價格戰和服務戰之後，更多的商家轉向了廣告這個新戰場，而且樂此不疲。因為媒體的報導不僅可以幫自己「吆喝」來生意，而且還能擴大自己的名氣，有的企業領導者為了過把「包裝癮」、「鏡頭癮」或者「人物癮」乾脆把產品放在一旁，自己站出來「秀」一下。可是顧客要購買的不是人，而是產品啊！到頭來廣告投入不少，卻始終產生不了實際的作用。

還有的人把廣告看成企業實力的硬性指標，為了證明自己也是個大企業，不是「好惹」的，你的廣告費花10萬，我就花20萬，你花了1億很風光，我比你更神氣，一出手就是2億……廣告不就是一場變相的賭博嗎？財大的氣就粗，花

得多名就大，名聲響了，還怕生意不好？廣告產生了轟動效應還怕不能提高收益？

但有一點必須知道：名氣有很多種，流芳百世是有名，遺臭萬年也是有名。如果你的廣告只是虛有其名，遲早有一天你會名存實亡，又何談名留青史。與其炒作製造轟動還不如做些實實在在的事情，全面地調查顧客，精確地計算投入費用，這樣做出的廣告費用不僅會少很多，而且定位也準確許多。這樣的廣告一定能保證你的產品名列前茅，真正做到名不虛傳，進而吸引更多消費者的目光。

當然，廣告作為整個行銷活動的一個環節，其實效性必須放在整個行銷流程中才有意義，如果產品整體策劃不到位，產品品質不優異，或其他終端建設不善，團隊執行力不足，那就算產品成功啟動，也不過是曇花一現，很快便會被市場和消費者所拋棄。那麼所謂的廣告實效化仍然是一句空談！

史坦利‧雷索、海倫‧雷索夫婦：奧格威在他的《奧格威論廣告》中說史坦利‧雷索是「創造現代廣告的6位巨擘」之一。智威湯遜是史坦利‧雷索畢生工作的舞臺，他致力於將整體廣告行業推向更專業化和科學化，不斷著書、培訓、創新。海倫‧雷索出生於美國肯塔基州，她先前在普洛克特暨柯里爾廣告公司任職，不久在智威湯臣的史坦利‧雷索親自邀請下加入智威湯臣工作。後來，她在回憶廣告生涯時說：「我是為在全國範圍內行銷的產品和為地方零售商品撰寫和策劃廣告的第一位成功的女性。」1917年，相互愛慕已久的海倫‧雷索與史坦利‧雷索結為伉儷。

洛克菲勒的絕招
——用廣告塑造形象

廣告宣傳對於塑造企業和產品形象能產生重要的作用，它可以向消費者宣傳企業及其產品的優勢和個性，提高企業及其產品的美譽度，樹立企業和產品的良好形象。

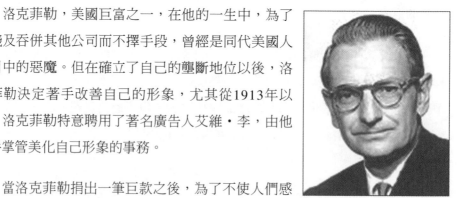

洛克菲勒，美國巨富之一，在他的一生中，為了賺錢及吞併其他公司而不擇手段，曾經是同代美國人心目中的惡魔。但在確立了自己的壟斷地位以後，洛克菲勒決定著手改善自己的形象，尤其從1913年以後，洛克菲勒特意聘用了著名廣告人艾維·李，由他一手掌管美化自己形象的事務。

當洛克菲勒捐出一筆巨款之後，為了不使人們感到洛克菲勒是在自我標榜，艾維·李從不宣傳洛克菲勒給某個基金會捐贈了一大筆款項，而是暗示受洛克菲勒贈款的人或基金會在報上發表一則感謝聲明。艾維·李自己還經常寫一些特寫報導，敘述這位慈祥的大富翁如何虔誠，怎樣到教堂去做禮拜，怎樣和鄰居們友好相處及打高爾夫球等等。

艾維·李的原則是以一些低調的文章來使公眾對洛克菲勒這個人產生一些新的看法。這些宣傳取得了不錯的效果。把洛克菲勒看作惡魔的一代人已上了年紀，正在相繼離開人世。

下一代人從宣傳中得知洛克菲勒基金會是怎樣慷慨解囊，如何發展醫學事

業造福人類，怎樣在第一次世界大戰時認購了幾百萬美元的公債，透過這些宣傳，洛克菲勒在人們心目中的惡魔形象漸漸被淡化了。

行銷智慧

洛克菲勒在人們心目中的惡魔形象能夠被淡化，其中最大的因素可以說是借助於廣告宣傳。

對於企業和產品來說，廣告宣傳能產生更重要的作用，廣告向消費者宣傳了企業及其產品的優勢和個性，提高了企業及其產品的美譽度，樹立了企業和產品的良好形象，進而提高了顧客消費該企業產品的指名率。

為了使希爾頓飯店工作人員的良好形象讓世人知道，希爾頓的廣告總是著重突出飯店的形象。並指出形象包括飯店的形象，飯店人員的形象和品牌的形象等，而飯店人員的形象又可分為飯店領導者的形象、飯店酒店工作人員的形象和飯店員工的形象。

飯店領導者的形象體現飯店的形象，領導者的形象好，飯店的形象也會跟著提升，反之，領導者的形象不太好，傳出了大醜聞，飯店形象也會受到連帶影響；飯店酒店工作人員的形象，包括他們的品德、個性、才幹、能力等等，他們在公共關係活動中既是組織者，又是實施者，是飯店直接與公眾聯繫和交往的代表，在一定程度上體現著飯店的形象；飯店員工的形象，包括他們的工作能力、服務態度、道德修養和教育程度等，由於他們直接面對顧客，可以說是飯店的「門面」，員工形象是飯店形象構成的一個重要因素。

當一個企業剛剛進入市場，正在為近期內的銷售發愁時，是無法考慮5年、10年以後的銷售問題的。所以，企業希望廣告能帶來直接的銷售，廣告效果越

直接明顯、越快就越好。在這樣的行銷戰略指導下，企業自然要採用產品廣告策略，以便於廣告可以迅速支撐企業的整體行銷。

但是，如果一個目標企業的產品近期內銷售不成問題，3年內銷售也不成問題。這個企業的行銷管理者就必須考慮5年以後的情況如何？10年甚至20年以後情況如何？

此時企業行銷管理者要為未來的行銷做準備，未來的產品可能會改變，但是商標、企業本身卻不會變，所以產品廣告無法再發揮作用，必須借助形象廣告去贏取消費者的信任和喜愛，這樣才能保證消費者在未來的日子裡對本企業產生認同感，進而保持一個良好的印象。

雷蒙‧羅必凱：奧格威在「創造現代廣告的6位巨擘」中尤其對羅必凱推崇備至，他說：「他是我的贊助人、鼓勵者、顧問、批評者和良心，我是他的忠實信徒和崇拜者。」憑著豐富的生活經驗和敏捷的思維，羅必凱以「全才的廣告人」聞名遐邇。他的「廣告之偉大在於其不平凡，失敗則始於平凡」的觀點至今仍影響著廣告界。

老夫婦賣房屋
——使用精彩的廣告語言

在行銷活動中,廣告語言的優劣,確實帶來行銷效果的大差異。優秀的廣告語言才能產生刺激購買欲望的作用。

在德國的柏林,有一對夫婦準備賣掉他們的住宅。他們委託一家房地產仲介承銷。

這家房地產仲介請他們出錢在報紙上刊登了一則廣告,廣告的內容很簡短:「出售住宅一間,有兩個房間,壁爐、車庫、浴室一應俱全,十分方便。」

但廣告刊出一個月後,竟乏人問津。

這對夫婦於是又登了一次廣告,這次他們親自擬寫廣告詞:「住在這間房子裡,我們感到非常幸福。只是由於兩個臥室不夠用,我們才決定搬家。如果您喜歡在春天呼吸濕潤新鮮的空氣;如果您喜歡夏天庭院裡綠樹成蔭;如果您喜歡在秋天一邊欣賞音樂一邊透過寬敞的落地窗極目遠眺;如果你喜歡在冬天的傍晚全家人守著溫暖的壁爐喝咖啡的氣氛,那麼請您購買我們這間房子。我們也只想把房子賣給這樣的人。」廣告登出不到一個星期,他們便順利賣出了住屋。

行銷智慧

這個故事告訴我們，好的廣告語言才能產生刺激購買欲望的作用。廣告內容的改變給行銷帶來了截然不同的結果，語言呆板的廣告詞房子乏人問津，語言生動的廣告詞，房子很快就賣出去了。可見，在行銷活動中，廣告語言的優劣，能夠帶來截然不同的行銷效果。

廣告語言雖然是商家促銷的有力方式，但如果做得不好，使用的廣告語言平淡甚至庸俗，不僅讓人感覺不喜歡，甚至還會造成反感。你不妨去大街上看看，那些廣告語到底有多少雷同的。「顧客至上，信譽第一」的話幾乎成了所有商家的通用語。飯店的櫥窗裡則幾乎全是「名師掌廚」、「內設空調包廂」、「免費卡拉OK」之類的廣告語言。可想而知，這樣的廣告語言對顧客是沒有任何吸引力的。

身為一名聰明的商家，是不會以這種雷同的廣告語來進行宣傳的。比如有一家餐館，就打出了「聞香下馬，知味停車」的廣告語，令人有進去品嘗一下的衝動。一家法語學習班的招生廣告是「如果你聽了一節課後不喜歡這門課程，你可以要求退回你的學費，但必須用法語說。」

我相信，無論是誰看到了這樣的廣告語，都會留下深刻的印象。

潛在顧客採取購買行動的基本前提是充分瞭解商品或服務帶來的基本利益，沒有對商品功能、特點的瞭解，潛在顧客不會採取購買行動。廣告語言運用得當，不僅可以把有關商品的資訊傳遞給潛在顧客，喚起其消費需求，而且可以使資訊傳遞過程變得更加生動新穎、更有針對性，進而增強資訊刺激的力度、加速購買意圖轉化為購買行動的過程。

以下是給大家摘錄的一些精彩廣告語：

保礦力水得：解身體的渴。

全家便利商店：全家就是你家。

肯德基：這不是肯德基。

台北富邦銀行樂透彩：喜歡嗎？爸爸買給你。

安泰人壽：世事難料，對人要更好。

麥斯威爾咖啡：好東西要和好朋友分享。

柯尼卡：他抓得住我。

鐵達時錶：不在乎天長地久，只在乎曾經擁有。

雅芳：雅芳比女人更瞭解女人。

萬事達卡：萬事皆可達，唯有情無價。

伯恩巴克：畢業於紐約大學英國文學系。被人譽為20世紀 60年代美國廣告「創意革命時期」的3位代表人物和旗手之一（另2位是奧格威和李奧‧貝納）。奧格威稱他是「創近代廣告的6位巨人之一」，並在其《奧格威論廣告》一書中特別尊稱他為「有智慧的紳士」。1949年，他與人創辦DDB廣告公司（DDB是著名的世界10大廣告公司之一）。伯恩巴克強調廣告是「說服的藝術」。他說：「規則正是藝術家所突破的東西；值得記憶的事物從來不是從方程式中來的。」，「並不是你的廣告說什麼感動了觀眾，而是你用什麼方法去說。」

皮鞋壓雞蛋——廣告貴新奇

廣告立意創新要在「奇」上多下功夫，這樣才能出奇致勝。

一家很有名的皮鞋製造公司，其生產的皮鞋在當地頗受人們的喜愛，生意十分興隆。無奈好景不常，許多小企業紛紛模仿製造，各種品牌、類似的包裝與外觀使得顧客難辨真假，使該公司的利潤被蠶食殆盡，產品滯銷，面臨困境。

為了扭轉劣勢，公司聘用了一名行銷部經理，此人才思敏捷，視野開闊，經過一番仔細的調查，發現可以從重新樹立品牌效益著手，便在該公司的每一個銷售網站推出了一個全新的廣告。結果在不久的時間裡該公司的產品再度受到消費者的青睞，銷售業績急劇回升，漸漸地控制了該地鞋類市場尤其是皮鞋市場。

那麼，究竟這位行銷經理推出了什麼廣告，使消費者再度青睞該公司的產品呢？原來，為了突出該公司皮鞋皮質上乘，極其柔軟，此人創作了以下的廣告語，把一隻鞋壓在一個雞蛋上，雞蛋沒有被壓破，但鞋的兩邊卻彎了下去。

這種新穎、奇特的廣告比那種把鞋拿在手中拼命拉扯而不斷，更能突出鞋的柔軟，更能打動觀眾的心，達到了吸引消費者購買的作用。

行銷智慧

　　廣告的目的是引起公眾的注意、影響公眾的心理和導致最終購買的行為。廣告必須要能捕捉公眾的心理，適合公眾的心理需求，具有心理感染力和震撼力，只有這樣才能觸動公眾的心靈，激勵公眾心靈互動與行為互動，使其產生「引起注意——提起興趣——激起欲望——加深印象——引起行動」的一連串心理效果，進而達到行銷的目的。

　　江蘇蓋天力製藥有限公司在做「白加黑」廣告之前，實力並不雄厚。1995年，該公司生產出一種新型的治療感冒的片劑。為了打開銷路，他們推出一則極具震撼力的電視廣告。

　　當某一色彩豔麗的廣告剛一播完，突然間，整個螢幕佈滿了黑白「雪花點」。觀眾都認為是電視臺的發射設備出了問題，不禁十分焦急。直到畫面適時地出現字幕「感冒了……怎麼辦……」才明白過來。

　　接著展示出該藥片的包裝：長方形盒子左半邊是白底，右半邊是黑底，藥品名稱「白」字位於白的那一半，「黑」字則在黑底那一邊，「加」字被分割成兩半，左邊的「力」在白那邊，右邊的「口」則位於黑那邊。左上角印上廣告語：「清除感冒，黑白分明。」其承諾為：「白天吃白片，不瞌睡；晚上吃黑片，睡得香。」整個廣告幾乎「無」色彩，體現出清朗、明快的藝術風格。

　　該廣告播出後，引起了觀眾的高度關注。1995年該產品上市僅半年，行銷額就突破1.6億元，市場佔有率達到15%。

　　廣告要翻新出奇，保持生命力，關鍵是要有好創意。關於創意的思考方法，西方廣告設計家重視運用戴勃諾理論。

　　戴勃諾將思考方法分為兩類：一種是垂直思考法，這種方法偏重於憑藉舊

的知識和經驗產生創意，這種創意離不開舊框框，並不是真正的創意。許多廣告千篇一律，除了商品、品牌不同外，內容幾乎完全相同，極缺少創意，廣告的意義便顯得非常小了；另一種是水準思考法，這種方法思考問題能打破常規，創造新觀念。

垂直思考法，對一件事只能深入鑽研，而水準思考法，則從多方面來觀察一件事。廣告宣傳運用水準思考法構思，便能標新立異，吸引顧客，取得廣告宣傳的成功。上海某牙刷店，刊出一幅廣告：畫面上一個人正在費力地拿著鉗子拔牙刷上的毛，旁邊寫著「一毛不拔」，這種詼諧有趣的廣告，使其產品盛名不脛而走。廣告出奇才能致勝！

霍普金斯：1867年出生於美國底特律。被奧格威列為「創造現代廣告的6位巨擘」之一。1908年，霍普金斯應洛德‧湯馬斯公司總裁艾爾伯特‧拉斯克爾的邀請，加入該公司。霍普金斯除了廣告外別無他好。他總是說：「我是為廣告而出生的。我讀廣告，寫廣告，白天、黑夜盡想著廣告。」霍普金斯是第一個大膽使用「如不滿意，保證退錢」宣傳的人其中的一個，是他第一個使用了透過郵寄小樣品促銷和其他郵購廣告方式，是他發展了憑券贈樣品的促銷方式。他是第一個提出「廣告是一門精確的科學」。他為奠定廣告原理做出了重要貢獻，這個廣告原理就是：抓住產品與別人不同的本質特點，用令人信服的方式介紹它。這始終是產生成功廣告的最根本的出發點。

芬克斯的「名人效應」
──利用名人作廣告

「山不在高，有仙則名；水不在深，有龍則靈。」利用名人效應來進行廣告宣傳的行銷手法確實能產生很重要的作用。

在耶路撒冷，有一個名叫「芬克斯」的酒吧。老闆是個猶太人，叫羅斯。它原本是一個極其普通的酒吧，但由於經營有方，成了各國記者喜歡停留的地方。這個酒吧於20世紀70年代一躍而成為世界著名酒吧，完全是由於美國前國務卿季辛吉的兩次被拒而導致的「名人效應」。

季辛吉曾想去名聲不錯的「芬克斯」，親自打電話預約。接電話的恰巧是羅斯。季辛吉自我介紹後說：「我有10個隨從一同前往，到時請謝絕其他顧客。」羅斯客氣地回答：「您能光顧本店，實感榮幸。但我絕不能因此而拒其他人於門外。他們大多是熟客，也是支持本店的人。」季辛吉很不高興，掛斷電話。

第二天，季辛吉又打電話去，首先對前一天的失禮表示歉意。然後說這次只需訂一桌，不會影響其他客人。可是羅斯回答道：「非常感謝您，但我仍不能接受您的預約。因為明天是星期六，本店休息。」「我後天就離開此地，您不能為我破例嗎？」季辛吉問。「不行。身為猶太人的後裔，星期六是個神聖的日子。」季辛吉只好作罷。此事在被報界披露之後，「芬克斯」知名度大增。

行銷智慧

「芬克斯」酒吧透過婉拒季辛吉，利用「名人效應」，成功地進行了廣告宣傳。「山不在高，有仙則名；水不在深，有龍則靈。」像這種利用名人效應來進行廣告宣傳的行銷手法確實能產生很重要的作用。

不少人對名人，尤其是對名演員、運動員有種崇拜心理，如果這些名人使用了某種商品，或表彰了某種商品，這種商品的知名度也就隨之提高，人們崇拜、愛慕名人的感情也會波及他們所使用的商品，這叫「愛屋及烏」。

洛藤是日本一個生產口香糖的公司，在日本很有名氣。該公司曾在20世紀60年代巧妙地利用國際影星亞蘭・德倫打了一次精彩的名人廣告。

亞蘭・德倫因主演《佐羅》而大受世界影迷的喜愛。1964年，亞蘭・德倫第一次出訪日本，而當時的洛藤公司產品銷售情況很糟糕，面臨進退兩難的危機。洛藤公司在獲悉亞蘭・德倫出訪日本這一消息後，立即感覺到這是一個宣傳自己產品的好機會，公司希望藉亞蘭・德倫之力來改變這一狀況。於是公司千方百計邀請亞蘭・德倫到工廠參觀，經過一番努力，最後亞蘭・德倫終於接受了他們熱情的邀請。

洛藤公司為了迎接亞蘭・德倫的到來，全廠張燈結綵，公司高層主管列隊歡迎。當亞蘭・德倫來到公司後，公司委派的專門人員拿出攝影機和照相機，跟在亞蘭・德倫身邊，將影星在廠裡的活動全部錄製下來。當天，亞蘭・德倫參觀了整個工廠的生產線。當他來到包裝部門時，亞蘭・德倫在洛藤公司領導者熱情邀請下品嘗了一片口香糖，然後隨口說道：「我沒想到日本也有這麼棒的巧克力……」

　　亞蘭・德倫參觀洛藤公司的消息成為各新聞媒體報導的焦點，他對洛藤產品的隨口讚美也成為新聞花絮而為人們所津津樂道。洛藤公司也把亞蘭・德倫參觀工廠的攝影資料進行整理，並剪輯出了一則廣告，裡面自然少不了影星所說的那句話。因為「愛屋及烏」的心理，使成千上萬的亞蘭・德倫迷也喜歡上了洛藤口香糖，洛藤公司最後連積壓的存貨也很快銷售一空。從此，洛藤口香糖一舉成為日本最具知名度的品牌而暢銷不衰。

　　洛藤公司巧妙利用亞蘭・德倫的名氣成功地將產品推向市場，創造了企業行銷史上反敗為勝的一個奇蹟。

　　從投入與效果統一的原則來說，不花錢或少花錢「利用名人」做廣告比起花費重金「聘請名人」做廣告，要經濟、划算許多。可見，「利用名人」做廣告比起「聘請名人」做廣告而言，才是真正所謂的大手筆、高水準的企業策劃，才是道高一丈的高招、奇招。

　　李奧・貝納：1891年出生於美國密西根州，畢業於密執安大學新聞專業。被人譽為美國20世紀60年代廣告創意革命的代表人物之一，芝加哥廣告學派的創始人及領袖，著作有《寫廣告的藝術》。1935年8月，他以5萬美元創辦了李奧・貝納廣告公司。到1981年名列世界廣告公司第8位，營業額增加到13.36億美元。李奧・貝納是「創造現代廣告的6位巨擘」中最其貌不揚的一個。他說「每件商品，都有戲劇化的一面。我們當前急務，就是要替商品發掘出其特點，然後令商品戲化地成為廣告裡的英雄。」他宣導好的廣告人要能是「一個社會的調查人，從心理學研究人性的人，對人類的興趣、情緒、感情、傾向、愛好和憎恨各方面做深入觀察的人」。

可樂之爭，重要的是有趣
——用幽默廣告吸引目光

巧妙運用幽默，就沒有賣不出去的東西。幽默廣告是現代行銷中有效的「軟銷」策略，在商業廣告領域有極為廣泛的應用價值。

百事可樂公司的總裁說過：「可樂之爭輸贏並不重要，重要的是有趣。歷年來精彩的百事廣告也完美地演繹這一點。」

曼聯隊和尤文圖斯隊在比賽前，裁判來到百事可樂自動販賣機前買可樂，但是他往販賣機投入硬幣後，滾出來的百事可樂被走過來的貝克漢、因紮吉、大衛斯3位球員依次拿走，當他再投入一個硬幣時，終於如願喝到了可樂。當比賽就要開始了，裁判找遍全身卻沒有發現硬幣，因為哪方先開球要以投擲硬幣來決定，最後沒有辦法，只好讓貝克漢等3人用小孩子常玩的剪刀、石頭、布的猜拳方法。戲劇化的結果讓人忍俊不禁。

再看百事可樂的「冰天雪地」篇：有位年輕人在冰天雪地裡貪婪地飲用百事可樂，可是不幸地嘴唇因為氣溫過低溫而黏在可樂罐上，上醫院看醫生時發現與自己一樣的大有人在，男、女、老、少，連小狗也不例外。真是令人開懷。

行銷智慧

這兩則百事可樂的廣告設計，輕鬆、幽默並有人情味，吸引了目光也增加

了百事可樂的大眾親和力。廣告大師波迪斯說：「巧妙運用幽默，就沒有賣不出去的東西。」幽默廣告就是這樣一個古老而有效的方法，它引起人們對廣告的注意，使人們在一種輕鬆、愉快的心境下完成對廣告的商品或服務的認知、記憶、選擇和決策的思維過程，促進人們對廣告品牌形成良好的態度，成為現代行銷中有效的「軟銷」策略，在商業廣告領域有極為廣泛的應用價值。眾所周知，在戛納廣告節影視廣告的現場，獲得掌聲的廣告大部分來自於幽默。

那麼如何使你的廣告具有幽默感呢？

首先，要有幽默的廣告語言。一件成功的幽默廣告，語言風格應詼諧有趣、令人回味深長。幽默的語言還要借助懸疑、渲染、轉換等一些修辭手法，來引起消費者的注意、好奇、關心，增強幽默廣告的語言表現力。例如，荷蘭的一則旅遊廣告「請飛往北極度蜜月吧！當地夜長24小時」。該廣告先設置了一個懸疑，「為什麼要去冰天雪地的北極度蜜月呢？」謎底是「那裡夜長24小時」，風趣而又機智，令旅遊者嚮往不已。

其次，要有幽默的廣告內容。一位名人曾說過：「贏得他們的心，他們的錢包就唾手可得了。」幽默廣告在內容上要遵循「新、奇、異」的原則，並戲劇化地呈現出來。在第43屆國際戛納廣告節上，有一則廣告：一個小男孩拿了一塊巧克力去逗引小象，小象受到誘惑走過來要吃，孩子卻自己吞了下去，小象非常委屈。男孩子成為青年後，在一次狂歡節上依然嚼著那種巧克力。突然，一隻大象將他打翻在地。原來小象長大了，但牠仍然記著數年前小孩對牠的嘲弄。在輕鬆的笑聲中我們彷彿聞到了巧克力那誘人的香味。

當然，幽默廣告的內容一定要為廣告的目標和廣告的策略服務，不能一味地追求奇特的內容而忽視廣告的傳播目的。

　　再次，要有幽默的廣告表現手法。幽默廣告應巧妙運用誇張、比喻、聯想、移植、顛倒等藝術表現手法，進而實現幽默廣告中現實與虛幻、真實與荒誕之間的碰撞與交融。如VOLVO汽車的「耳光篇」，廣告以比喻的手法將人的兩腮比做VOLVO汽車的兩側，以耳光的擊打比喻來自汽車兩側的危險衝撞，用鼓起的雙腮比喻VOLVO汽車座位兩側配備安全氣囊可供緩衝，同時把每次的擊打搭配汽車的煞車聲音，比喻恰當且別出心裁，訴求清晰、有趣令人拍案叫絕。

　　另外，幽默廣告還須有獨特的銷售主張。「獨特的銷售主張」是廣告發展歷史上最早提出的一個具有廣泛、深遠影響的廣告創意理論，它的意思是說：一個廣告中必須包含一個向消費者提出的銷售主張，這個主張要具備三個要點：一是利益承諾，強調產品有哪些具體的特殊功效和能給消費者提供哪些實際利益；二是獨特，這是競爭對手無法提出或沒有提出的；三是強而有力，要做到集中，是消費者很關注的。如，李斯德林漱口水——「消除口臭！」直接！簡潔！有力！消除口臭就是消費者使用漱口水想得到的利益。這個廣告主張持續使用了32年，為廠家帶來了巨大的利潤。

　　艾爾伯特・拉斯克爾：奧格威在他的《奧格威論廣告》中說艾爾伯特・拉斯克爾是「創造現代廣告的6位巨擘」之一。1898年，18歲的艾爾伯特・拉斯克爾在芝加哥洛德・湯馬斯（即著名的福康貝丁廣告公司的前身）公司工作。那時的洛德・湯馬斯廣告公司是全美第3大的廣告公司（在拉斯克爾的努力下，它成為全美最大的廣告公司）。兩年之後，拉斯克爾買下了洛德・湯馬斯廣告公司，成為新公司的總裁。拉斯克爾善於發掘人才。他總是雇用有能力的廣告人，有一段時期，全美12家主要的廣告公司中有9家公司的老闆曾是拉斯克爾的部下。艾爾伯特・拉斯克爾說：「我不想賺大錢，我只要讓人知道我的腦子可以做什麼。」

婷美內衣一穿就變
——宣傳產品的獨特賣點

一個產品的成功「閃亮登場」，不僅要透過好的廣告形式及好的創意表現出來，而且還要將產品獨特的賣點訴諸消費者。

被譽為「創造內衣革命」的婷美內衣，許多人都很熟悉。婷美內衣的上市，打開了一個新的市場——美體塑身市場。

婷美集團開發了一個新產品，發現了一個新行業，進而創造了一種新觀念。從婷美本身來講，它既是一個美體修型的工具，又是傳播行為醫學的使者。它試圖建立一種透過穿衣戴帽改變健康狀況的觀念。

在對產品的定位上，婷美確實用盡心思。當初，到底是用美體功能還是保健功能作為產品的賣點，婷美公司內部曾經爭執不下。當時還有人主張選擇保健這個賣點，他們認為婷美已經做了兩年多的臨床實驗，產品的減肥、豐胸、排毒這些功能也都被證實了，不用實在可惜。

最後，婷美還是將產品賣點定在「美體修型一穿就變」，主打美體這一賣點。事實證明，這一決策非常正確。如果主打保健功能，人們勢必要看保健效果，然而婷美內衣的保健效果並不是顯效的。而主打美體功能，就一定會吸引很多女性消費者。經調查，在北京市場上，同時買3套以上婷美產品的有17萬

人，最多有一個人買了39套。

行銷智慧

美國行銷學專家有一份統計，新產品上市一年後，只有20%還存活著，兩年後，只有5%還存活著，三年後，就只剩1%還能存活下來。同質化的產品越來越多，消費者憑什麼要買你的產品？你總得給消費者一個理由吧！這就需要對產品進行策劃，創造一個令消費者心動的賣點。

著名的廣告製作人羅澤・里福斯認為，企業應為每一種品牌建立唯一的銷售主張。企業應給每一個品牌分派一個賣點，並使它成為這一賣點中的「第一名」，原因在於消費者趨向於熟記「第一名」，青睞「唯一」。而具有這樣特徵的產品更易於向消費者宣傳自己獨特的賣點，進而塑造出與眾不同的產品形象。

所謂產品賣點，就是能夠吸引消費者目光的獨特之處，也就是廣告的訴求點和獨特的銷售主張。賣點是產品向消費者傳播的一種觀念，告訴消費者購買產品會得到什麼樣的利益；而最關鍵的是，這種主張是競爭對手無法提出或未曾提出的，是獨一無二的；這種主張以消費者為切入點，易被消費者接受，具有極大的吸引力。

實際上，企業生產的產品或提供的服務只是滿足消費者的某一特定需求的工具或手段，消費者所追求的並不是產品本身，而是他自身需求的滿足。任何產品的最終目的都是消費者的購買和使用，而要達到這一目的，讓其知道和認可是必須的前提，要讓消費者知道並認可，那這一產品就必須有簡單明瞭卻又讓人記憶深刻的表現方式，否則企業就沒有實現銷售和獲利的機會。

在市場中，這樣的廣告創意有很多。比如現今很紅的王老吉的廣告就十分

高妙，王老吉本來只是很普遍的一種加有中藥的涼茶，但透過「怕上火就喝王老吉」這句朗朗上口的廣告語，強調它「能去火」的功能，立刻凸顯了它所具有的獨特作用，而得以和其他的各種飲品區別開來，進而在飲料市場上一枝獨秀，賣遍大江南北。

正所謂「人靠衣裝，馬靠鞍」，好的產品就要有好的廣告定位。

一個產品的熱銷，不僅要有好的廣告形式及好的創意，更重要的是要讓消費者接受並喜愛產品的賣點，只有消費者接受並喜歡，產品才會暢銷。

艾德娜‧拉爾森：出生於美國明尼蘇達州的派克普萊瑞，雅芳銷售代表，是97.5萬名雅芳銷售代表中的頂尖人物，擁有廣闊的客戶網和傲人的推銷業績，並得到過雅芳公司的所有獎勵。有人當面讚揚她的成功時，艾德娜‧拉爾森總是謙虛地說：「我只是一個普通的家庭主婦，只不過我做的工作是讓每一個我喜歡的女孩更完美。這要感謝雅芳的產品，是它在發揮作用。」

寶潔的公益活動
——隱性廣告虜獲顧客

隱性廣告以新穎的方式吸引在廣告轟炸下已感到疲憊的消費者的目光。不露痕跡，在不知不覺中虜獲顧客，是隱性廣告的奧妙和真諦所在！

寶潔向來都是中國市場行銷的教科書，曾有一個以公益面貌出現的活動非常成功。一天，人們發現出現了一個「健康教育協會」的組織，這個組織在當時發動了一個「今天你洗頭了沒有」的廣告運動，教育中國人每天洗頭的好處，聲勢極為浩大，幾乎使「洗頭」成為一個「全民運動」。

最後，人們發現，在運動背後獲利的是「寶潔」。在中國洗髮精市場，「保潔」3大品牌佔有一半以上的市場，也就是說每多洗兩次頭，其中最少一次是用寶潔的產品。寶潔的聰明就在於透過一個隱性的公益機構，來推廣自己的觀念，而不是以商業企業的面目出面，在不知不覺中虜獲了顧客。

行銷智慧

如今，消費者的心靈已經對「廣告」加上細密的過濾網，一旦感覺到這是「廣告」，就會本能地把心靈之門關閉。企業可以選擇強攻，反覆不斷地重複內容，全方位的媒體包圍，不計成本的資金投入，這樣也會有效果，但代價有時實在太大。那有沒有更好的方式，可以讓我們打通開啟消費者心靈的通道呢？

「隱性廣告」就是在這樣的條件下產生了，這是一種完全不同於傳統廣告的廣告，是對顯形的外露的傳統廣告形式的一種創新和發展。寶潔正是利用「隱性廣告」而俘獲了顧客。

在法國，有一家以年輕人為主要消費者的酒吧開張，為了吸引年輕人來消費，廣告公司策劃了一種與眾不同的廣告方式：每到傍晚的時候，他們會安排幾十名受雇的年輕人和女孩走上街頭，他們詢問路過的年輕人，去那家酒吧該怎麼走。最初大家都不知道這家酒吧，但很快地被詢問的人對這家酒吧產生了濃厚的興趣，他們四處打聽，想知道為何這個酒吧如此受歡迎，然後親自去店裡消費。結果，這一廣告活動依靠很低的費用投入，讓這個酒吧成為話題，並贏得了大量顧客。

「隨風潛入夜，潤物細無聲」，這兩句詩或許是對「隱性廣告」的最恰當描述。在不知不覺中，甚至在毫無意識中，讓消費者接受了關於產品、品牌的有利資訊，這是「隱性廣告」的本質所在。

隱性廣告對品牌的描述往往是模糊的、印象式的，相對於一般廣告直接、明確的資訊傳達，隱性廣告更適合作為一般廣告的輔助和補充，但它確實是具有相當效應的一種廣告形式。

松下幸之助：1894年11月27日，松下幸之助出生於日本和歌山縣的一個普通家庭。日本松下電器公司的創始人，被世人稱為「經營之神」。同時松下幸之助也是一位作家，著有《企業王國指揮塔》、《企業人事管理》、《商場就是戰場》、《松下成功之道叢書》、《經營人生的智慧》等50多本書。

食品廠的檢討書──
反彈琵琶，做「揭短廣告」

針對消費者對自我吹噓式的廣告所產生的叛逆心理，來個反彈琵琶，故意做「揭短廣告」，這不失為一種做廣告的訣竅。

在上世紀80年代，中國曾有一家食品廠在報上刊登了一則廣告。

致廣大消費者：

本廠「康力」營養米粉近來在市場上嚴重缺貨，給大家帶來極大不便，許多用戶紛紛打電話責問。本著為人民服務的原則，本廠特此登報向大家公開解釋、道歉。

本廠康力米粉缺貨有3個原因：一是購買康力米粉的消費者增多；二是本廠生產線陳舊，產量增長幅度小；三是本廠的一位銷售科長擅自批發50噸給個別商販，到外省市高價出售。本廠現已採取措施，目前正在加緊安裝、調試新引進的生產線，投產後產量預計可提高3倍，基本上可以滿足大家的需要。另外，我們已給予那位銷售科長行政處分，並撤銷其銷售科長的職務……

這則看似「揭短露醜」、檢討書般的廣告，在刊登後不久卻產生了奇妙的效應，這個廣告看似揭短，實際上卻是在促銷他們工廠的產品，而人們出於好奇，也漸漸開始購買他們的產品，最後打開了產品的銷路，使該廠積壓了數十噸康力米粉的庫存銷售一空。

行銷智慧

一做廣告，就自吹自擂，易引起消費者的反感，實不足取。針對消費者對自我吹噓式的廣告所產生的排斥心理，來個反彈琵琶，故意做「揭短廣告」，這不失為一種做廣告的訣竅。只要「貶」得恰到好處，「褒」得巧妙自然，就會別開生面，使人在捧腹之餘樂掏腰包，收到「無心插柳柳成蔭」的奇效。

美國吉列刀片公司在宣傳刮鬍刀片時，一反常態，向消費者打出了「揭短廣告」：吉列刀片最大的特點是鋒利、耐用，不傷肌膚；但缺點在於可能生鏽，用後只有擦乾存放，才能避免鏽跡。沒想到這種「揭短廣告」竟引起了消費者的關注，招來了許多顧客，人們爭相購買這一「揭短」產品。

自我諷刺性的「揭短廣告」可以拉近企業和消費者的心理距離，因為消費者會覺得一個勇於揭自己短處的企業是一個誠實可信，甚至可以說是可愛的企業。另一方面，由於長久以來，企業一向在宣傳自己的時候往往都是選最好、最有優勢的方面進行宣傳，消費者對此已經感到不以為然，甚至反感。因此，採取「揭短」式的廣告，一反傳統，會獲得意想不到的效果。

日本一家工廠生產了一種新品牌手錶，幾個城市的銷售商店在廣告中都套用了「式樣新穎，走時準確」的詞句，但購買者並不踴躍。東京的一家鐘錶店在推銷這種款式的手錶廣告上寫道：「這種錶走得不太準確，24小時會慢24秒，請君購買時要三思。」這則廣告一推出，卻吸引了大批顧客，使手錶的銷售量反而大增。

美國亨利食品加工工業公司總經理亨利‧霍金認為，在宣傳自己產品的時候，不敢把主要的缺點公諸於世，那就不能取得公眾的信任，建立良好的企業

形象。時下，不少企業和經營者為了拓展市場，打開銷路，故意誇大自己產品的功效。很普通的產品，可以稱作精品；普通的保健品，可以標榜為防治百病；甚至有些次品、劣質產品也敢堂而皇之地冠上獲得過某某金獎的名號……言過其實的的虛假廣告，儘管可以在一段時間內欺騙消費者，但最終也會招致消費者的摒棄，害了自己。

在激烈的市場競爭中，只有誠字當頭，才能贏得消費者。任何事物都不可能是十全十美的，有其利，必有其弊。廣告中，企業把產品自身缺點明白無誤地告訴消費者，讓消費者感到你說的是真話、實話，不但促進了企業與消費者之間的感情，進而也達到了促銷的目的。「揭短」廣告，不失為有遠見的高明之舉。

山姆·沃爾頓：美國零售業第一的沃爾瑪公司的創始人。1918年3月29日，山姆·沃爾頓出生於美國中西部小鎮的一個普通農民家庭。從1962年到1992年，他親自掌管沃爾瑪長達30年之久。1985年10月，他被著名雜誌《福布斯》評為「全美第一富豪」，並得到了當時的美國總統布希親自頒發的總統自由獎章。通用電氣公司前董事長兼首席執行長傑克·韋爾奇曾經這樣評價山姆·沃頓：「山姆·沃爾頓瞭解韌性，就像愛迪生瞭解創新發明，亨利·福特瞭解製造生產一樣。他給員工最好的，給顧客最好的，任何與他接觸過的人都可以學到一些有用的東西。」

「野馬」車上市
──實行多管道廣告

為了加強廣告傳播與行銷效果，需要選擇多種廣告媒體來傳播資訊，並對這多種媒體進行有效組合。

1964年，著名的汽車大王李·艾柯卡，為福特汽車公司推出的新產品「野馬」轎車，取得了轟動一時的成功，兩年內為福特公司創造了11億美元的純利潤。當時，購買野馬車的人打破了美國歷史的記錄，在不到一年的時間裡，野馬汽車風行整個美國，各地還紛紛成立野馬車會。為什麼野馬汽車如此受人歡迎？這與其獨特、周密的行銷策劃是分不開的。

在新型車問世之前，艾柯卡邀請了54對夫婦到汽車廠，請他們對新型車發表評論。在這些人當中，有收入比較高的，也有收入中下的。當54對夫婦對新型車發表感想之後，艾柯卡發現，白領階級的夫婦非常滿意「野馬」的車型，而藍領工人則認為車很好，但買不起。

後來，艾柯卡請他們估計一下車價，幾乎所有的人都估計至少10000美元。當艾柯卡告訴客人，「野馬」車的實際價格只有2500美元時，許多人都說：「為什麼？真的嗎？我要買一部。」於是最後，艾柯卡將「野馬」車的售價定為2368美元。

當價格確定之後，下一步就是廣告宣傳活動。福特公司在正式推出「野馬」轎車之時，採用了林林總總具有轟動效應的促銷手段，真可謂奇招迭出，一鳴驚人：

他邀請請了報界100多名新聞記者，請他們參加「野馬」車大賽。從表面上看，這是一次賽車活動，實際上，這是一次告知性的廣告宣傳活動。事後，有數百家報紙、雜誌報導了「野馬」車大賽的盛況，使「野馬」成為新聞界的熱門話題。

在新型「野馬」車上市的第一天，讓2600家報紙用整版篇幅刊登了「野馬」車廣告，並在數家電視臺播出廣告短片。廣告畫面是：一部白色「野馬」車在馳騁。大標題是「真想不到」，副標題是售價2368美元。

福特公司還在全國15個最繁忙的機場和從東海岸到西海岸的200家假日飯店的門廳裡陳列了「野馬」。公司選擇最顯眼的停車場，豎起巨型的看板，上書「野馬欄」以引起消費者的注意，激發人們的購買欲望。

果然，「野馬」車一上市，便廣受消費者的歡迎。

行銷智慧

為了加強廣告的效果，企業需要利用多種廣告媒體來實施「全方位、多管道」宣傳，並對這多種媒體進行有效組合。

一般用的多種媒體組合策略如下：

一是重複資訊刺激組合策略。透過對同一廣告行銷對象所喜歡接觸的多種廣告行銷媒體的組合，對同一廣告行銷對象進行多次重複資訊刺激。主要有：

同一感觀的重複刺激組合，如不同廣播電臺媒體組合；不同感觀的重複刺激組合，如電視媒體、廣告行銷媒體、報刊媒體、廣播電臺媒體的組合。

二是互補資訊刺激組合策略。對於消費者來說，由於各自接觸的廣告媒體不同，所以在進行廣告宣傳時，就要在這些不同的媒體上分別進行廣告傳播，形成傳播互補，避免傳播「死角」。

三是重複、互補資訊刺激組合策略。這是將重複資訊刺激組合策略與互補資訊刺激組合策略有效結合形成的組合策略。透過互補組合防止傳播「死角」，透過重複組合強化資訊刺激。

四是主要媒體與輔助媒體組合策略。在多種廣告行銷媒體組合過程中，多種媒體的地位並不相同，要確定最重要的廣告行銷媒體，其他媒體則處於輔助地位。要求在主要媒體上，發佈廣告的頻率最密集、時間最長、投資最多。

李嘉誠：1928年7月出生於廣東省潮州市。著名華人實業家。1950年自行創立長江工業有限公司。1992年，在美國的《富比士》世界富豪排名中，李嘉誠以38億美元的個人財產名列世界第35位，成為全球華人中的首富。

第九章

雙贏才是根本：

提升行銷競爭力

對面那個店，也是他的
——想先一步

市場形勢千變萬化，搶佔商機容不得慢動作，我們必須首先比別人多想幾步，提前下手，才有可能獲得成功。

　　兩個青年一起開山，一個把石塊砸成石子運到路邊，賣給建商；一個直接把石塊運到碼頭，賣給花鳥商人。後來，政府規定不許開山，只許種樹，於是這兒就成了果園。

　　每到秋天，漫山遍野的鴨梨招來八方客商，他們把堆積如山的梨子一籮筐一籮筐地運往外地。就在村裡人為鴨梨帶來的小康生活歡呼雀躍時，曾經賣石頭的那個年輕人賣掉果樹，開始種柳樹。因為他發現，來這兒的客商不愁買不到好梨子，只愁買不到裝梨子的籮筐。5年後，他成為第一個在城裡買房子的人。

　　後來，一條鐵路從這兒貫穿南北，小村莊對外開放，果農也由單一的賣水果開始談論加工及市場開發。就在這些人開始集資開工廠時，這個村民在他的地頭砌了一面牆。這面牆面向鐵路，兩旁是一望無際的萬畝梨樹。坐火車經過這兒的人，在欣賞盛開的梨花時，會突然看到4個大字：「可口可樂」。牆的主人憑著這面廣告牆，第一個走出了小村莊，因為他每年有4萬元的額外收入。日本豐田公司亞洲代表山田信一到中國考察，當他坐火車路過這個小村莊時，聽到這個故事，他被主角罕見的商業化頭腦所震驚，隨即決定下車尋找這個人。

當山田信一找到這個人的時候，他正在自己的店門口跟對面的店主吵架，因為他店裡的西裝一套標價800元時，同樣的西裝對面只標價750元；他標價750元時，對面只標價700元。1個月下來，他僅僅賣出8套西裝，而對面卻賣出了800套。山田一看這情形，非常失望，以為被講故事的人騙了。當他弄清楚事情的真相後，立即決定以百萬年薪聘請他。因為對面那個店，也是他的。

行銷智慧

現代的市場競爭是激烈的，對於每一個企業來說，每擴大一點市場佔有率都要與競爭對手進行激烈的爭奪，但是市場總是會有很多其他的競爭者，所以，搶先對手一步進入市場進而佔領市場是保持企業未來發展的有效方法。那位被日本豐田公司百萬年薪聘請的年輕人正是由於每次都比別人先想一步而比別人獲得了更大的成功。

小李和小莫同時受雇於一家超商，一開始大家都從基層做起。不久小李就受到總經理的青睞，一再被提升，從銷售員一直晉升到部門經理。小莫卻未被重視，有一天，小莫忍無可忍，向總經理提出辭職，並抱怨總經理用人不公。

聽完小莫的話，總經理說：「你馬上到市集去，看看今天市場上在賣什麼。」 小莫很快從市集回來說，市集上只有一個農民拉了一車番茄在賣。

「一車大約有多少袋，有多重？」總經理問。小莫又跑去，回來說有15袋。

「價格多少？」小莫只好再次跑到市集去。 總經理望著跑得氣喘吁吁的小莫說：「請休息一會兒吧！你可以看看小李是怎麼做的。」

說完他叫來小李：「請你馬上到市集去，看看今天市場上在賣什麼。」

　　小李很快從市集回來了，彙報說，到現在為止只有一個農民在賣番茄，有
15袋，價格適中，品質很好，他還帶回幾個讓總經理看。這個農民等會兒還將
弄幾箱胡蘿蔔過來，據他看價格還算公道，可以進一些貨。這種價格的胡蘿蔔
總經理大概會要，所以他不僅帶回來幾根胡蘿蔔作樣品，而且把那個農民也帶
來了，他現在正在外面等回話呢！

　　總經理看了一眼紅了臉的小莫，說：「請他進來。」

　　小李不過比小莫想的更周到，在工作上佔了優勢。市場形勢千變萬化，搶
佔商機千萬要快，只有比別人想的更周到，提前下手，才有可能獲得成功。九
牧王（中國）有限公司一位董事長曾經說：「當別人想到的時候，我們已經在
做；當別人在做的時候，我們已經做得不錯；當別人做得不錯的時候，我們已
經做得更好；當別人和我們做得一樣好的時候，我們就該考慮換跑道了。」

雷・克洛克：出生於美國伊利諾州芝加哥。
麥當勞公司的創始人。他雖然不是麥當勞的
發明者，也不是漢堡或特許經營的發明者，
可是他利用這三者之間的微妙關係，創造了
一個偉大的公司，並把它推廣到世界各地。
他曾經說過：「走你的路，世上什麼也代替
不了堅韌不拔；才幹代替不了，那些雖有才
幹但卻一事無成者，我們見的最多；天資代
替不了，天生聰穎而一無所獲者幾乎成了笑
談；教育也代替不了，受過教育的流浪漢在
這個世界上比比皆是。所以唯有堅韌不拔，
堅定信心，才能無往而不勝。」

2.5：1→1.15：1
——沒有硝煙的戰爭

想要打贏行銷戰，尤其在敵強我弱的情況下，找準主動出擊的突破口是克敵致勝的關鍵。

從百事可樂誕生的那天起，它與可口可樂的市場行銷戰就一直在進行著……

可口可樂深受大人們的喜愛，而百事可樂更受青少年的青睞，並且，百事可樂的大包裝更吸引青少年。大概沒有哪個成年人願意像青少年們那樣大口暢飲一瓶12盎司的飲料！這種策略在百事可樂早年的一次廣告中表述為「現在，百事可樂是那些感覺年輕的人的選擇」。後來，廣告詞有了飛躍，即經典的「來吧，加入百事一代」。

百事可樂正是利用消費者年齡層打了個漂亮的心理戰。可口可樂的消費群體比百事可樂多，而年齡大些的人更樂意喝可口可樂，所以青少年就喝百事可樂以顯示他們的反抗性。百事可樂正是依靠這種策略，巧妙地利用了年齡階梯的差異。可口可樂的高齡消費群體日漸縮小，而百事可樂的低齡消費群體正在日漸壯大。

百事可樂還把音樂作為其行銷策略的一個主要部分，音樂是年輕一代表示他們反抗性的很傳統的一種方式。百事可樂曾高薪聘用邁克爾・傑克遜和萊昂內爾・里奇為其做廣告，他們正是年輕人的最愛。後來，百事可樂的標語又改為：「新一代的選擇」，繼續把目標定在年輕一代。

百事可樂的戰略在總體上正慢慢削弱可口可樂的領先者地位。二者銷售情況已從早年2.5：1，變為了近年來的1.15：1。

行銷智慧

因為敵人可能會對任何一點實施突擊，迫使防禦者在陣地內平均配置兵力。但敵人不會處處實施突擊，而防禦者又不知敵人將突擊點選在何處。因此，進攻者便可在突擊點投入較多兵力，進而取得突破，而這種突破對作戰全局來說是決定性的。

這段話出自於一位傑出軍事家之口，作戰打仗如此，其實做行銷也可以從中吸取到經驗，因為行銷戰也是戰爭，一場沒有硝煙，但同樣殘酷的戰爭。

行銷戰中，找到領先者強勢中的弱點正是進攻的關鍵所在。可口可樂的強勢在於它是第一家可樂飲料。它在市場上的歷史比百事可樂長許多。它的品牌顯然已經成為了一種強大的力量，但同樣的，它的消費者年齡層也受到了侷限，大都是成年人，而成年消費群體會慢慢縮小。很顯然，這一點被百事可樂發現並成功利用了，進而搶佔了大片市場。

想要打贏行銷戰，尤其在敵強我弱的情況下，找準主動出擊的突破口是克敵致勝的關鍵。

吉諾‧鮑洛奇：出生於美國明尼蘇達州一個貧苦的義大利裔家庭。美國商界一位傳奇人物，被譽為「行銷怪傑」。曾與好友合作創辦「東方食品家族」，後來獨自成立「重慶公司」、「鮑洛奇食品公司」等幾家公司，以主要經營具有中國風味的食品為特色而風靡全美。

鄭武公的計謀——兵不厭詐

在戰場上，「兵不厭詐」，真真假假，虛虛實實，讓敵人捉摸不透；在商場上，與某些競爭對手交往，運用此謀略，往往能取得意想不到的效果。

在春秋時期，鄭國的國君武公，一直想攻掠胡人，將胡地收歸己有，因為北方的胡地盛產名駒，可做戰馬。他認為，如果直接進攻，損失一定會很大。於是心裡一直都在盤算，如何才能消除胡人戒備心理，不對自己加以防範，那樣，可以不必耗費太多的人力、物力，就能輕鬆佔領胡地。

經過很長時間的思考，一個計畫終於在心中形成。他派遣大臣出使胡國，要求和胡國共結盟好，和平相處。胡人的酋長雖然口頭答允了他，但實際上並沒放鬆對鄭國的戒備。鄭武公為了鬆懈胡人對自己的防備，於是又把自己的女兒許配給胡國的酋長做妃子，胡國的酋長也沒有拒絕。但是他對鄭國的戒心卻沒有因此完全消除，在和鄭國相鄰的邊界上，依然屯駐重兵。

一次，鄭武公向朝堂上所有文武官員發問：「我想開拓疆土，增強國勢，依你們之見，認為先攻取哪一個國家最好？」其中，有一位大夫卻看出了鄭武公有意進伐胡人，心想，如果說出自己的想法，與武公不謀而和，一定會得到重賞，於是便向武公說道：「微臣以為目前攻打胡國，最容易奏功。」

未料，卻遭到鄭武公的大聲斥責：「好大膽子，我與胡主已結成姻婭，成為兄弟之邦。你竟然勸我攻取胡國，這不是要損害我們的邦交嗎？」很快，這件事便傳到胡國，胡國的酋長終於確信鄭武公沒有攻打自己的企圖，便撤回了駐屯在邊界的守軍，放鬆了對鄭國的防範。於是，鄭武公趁此機會，發動大軍，以迅雷之勢，攻佔了胡地。

行銷智慧

「兵不厭詐」，這是《孫子兵法》中一條重要原則。所謂「兵不厭詐」就是：「兵者，詭道也。」主張在戰爭之前隱藏自己的實力，造成敵人錯誤的估計，然後「攻其無備，出其不意。」其要訣：要避開敵人的銳氣而攻其暮氣，擾亂敵人軍心，使敵人疲於奔命，然後以逸待勞趁虛而入，即是所謂避實擊虛，多放煙霧等策略的運用。迷惑敵人，保護自己，然後一舉得手。

「兵不厭詐」，對於市場競爭也具有很重要的意義。市場競爭與用兵之道是一理的，但是，由於市場競爭通常不會像戰爭那樣存在正面交鋒，因此市場競爭更依賴於市場競爭者對整個競爭過程戰略和戰術的應用。

商場如戰場。在戰場上，「兵不厭詐」，真真假假，虛虛實實，讓敵人捉摸不透；在商場上，與某些競爭對手交往，運用此謀略，往往能取得意想不到的效果。一名成功的行銷者必須像兵法家一樣對情報做出盡可能完整的收集和正確的分析，然後對局勢做出正確的判斷，進而制定出正確的戰略與戰術。

湯瑪斯‧沃森：1874年出生於美國紐約州。IBM創始人。1991年IBM的銷售額接近700億美元，居全美第4位，資產總額將近900億美元，居全美第三位，淨收入近55億美元，雄居全美第一。如今，IBM已成為美國甚至全世界首屈一指的電腦公司。

精明的日本商人——以退為進

打仗也好，經商也好，行銷也好，暫時的退卻是為了將來的進攻。

有一個日本商人在日本東京經營中國菜，生意很興隆。不久，3個中國留學生也在對面開了一家中國餐館，把這位日本商人的生意搶走了不少。餐館經理很著急，與老闆商量用什麼辦法和對面競爭。誰知他卻讓餐館經理每日去對面買一份留學生們做的中國菜，認真研究。一個月後全部買齊了，然後在報紙上刊登廣告，大舉推出這些菜，每款價格均比對面貴出3倍。經理十分不解，這位日本商人卻頗有把握地說，我就是要對面的餐館迅速發跡致富。

果不其然，1年以後對面3個留學生開的餐館發了，從一間小店面發展到買下了整個二層樓，每個留學生出門都是小轎車，從不親臨「前線」，最後發展到經常為分錢而爭吵。日本商人認為時機已到，突然大規模推出與對面同樣的中國菜，並且價格比中國留學生餐館的菜還要便宜1/3，不到半年的時間，一舉擊敗了競爭對手，並收購了該餐館。

後來，這位日本商人對此舉解釋說，3個中國留學生創業時很團結，如果當時與他們競爭，雖然會感到壓力大，但他們的競爭策略會更多，我打不起「持久戰」，必敗無疑。讓他們迅速致富，感到沒有壓力，分裂也就是自然的了。

行銷智慧

這位日本商人不愧是久在市場打拼的好手，對市場的把握可謂精準絕倫。很多企業在創業之初都能「共苦」——團結打天下，但等到企業發展壯大以後反而不能「同甘」——精誠合作，因而即使企業規模已經很大，實質卻非常脆弱，

承受不了競爭的壓力。日本商人就是看準了這一點，於是運用了以退為進的策略，先幫助那3個中國留學生的餐廳發展壯大，而自己卻退居一旁，等到它外強中乾的時候再發起進攻，一舉把它打垮，進而奠定了自己在角逐中的勝利。

在比利時某家畫廊發生了一件事，美國畫家看中了印度人的三幅畫，當時的標價為每幅250美元，畫商覺得價錢太高，印度人又不肯讓步，雙方陷入僵局。那位印度人被惹火了，當著美國人的面把其中一幅畫燒了。美國畫商看到畫被燒掉，感到可惜，他問印度人剩下的兩幅畫願意賣多少錢，印度人回答還是每幅250美元。美國畫商仍無法接受，結果印度人心生一計，又燒掉了其中一幅畫，美國畫商當下只好乞求他千萬別再燒最後一幅。

最後印度人手中的這幅畫竟以600美元的價格成交。

行銷如同打仗一樣，行銷桌上雖然沒像戰場上那樣刺刀見紅，互相殘殺，但亦是互相交鋒，爭鬥激烈。有時要堅持下去，有時則要暫時退卻，伺機而進。商戰如同兵戰，行銷桌上戰術的靈活選擇和純熟運用，全憑行銷人員的經驗與智慧了。

范仲濤：中國10大策劃機構總監、總經理、中國創新策劃人、中國著名品牌行銷策劃專家，中國行銷學術研究院研究員。不競爭競爭法、5S產品創新法則、簡單品牌法則等理論創造者。主張策劃無定式、管理無定法、創意無定則。主要著作有《非看不可》、《不競爭》、《品牌突破》等，在《銷售與市場》、《經濟日報》等刊物發表論文幾十篇。

「釷星」計畫
——化干戈為玉帛

當實力懸殊、無法抗衡時，學會與競爭對手合作，先求生存，再謀發展。

第一次能源危機發生之後，日本汽車因為省油、價廉、耐用、售用服務好，而開始暢銷於北美市場。全世界規模最大、市場佔有率最高的通用汽車，在北美地區轎車的市場佔有率從44%下降至33%，福特與克萊斯勒的情況比通用更慘。而同時間日本車的市場佔有率則從19%增長到26%。

當美國人寧捨美國車，而改買日本的豐田、本田車之際，美國車廠認為日本的工資較美國低廉，在生產成本上佔優勢，是不公平的競爭，因此呼籲美國政府限制日本車的進口。而為了越過美國的保護政策以及防止美國政府用貿易逆差作擋箭牌來限制日本車進口，日本車廠乾脆轉移陣地到美國本地現產現銷以應付這一情況。正當其他車廠不知如何是好的時候，通用汽車的董事長羅傑·史密斯，開始默默的進行一項官僚組織與勞資組合的計畫。這項被認為關係著美國汽車業生死存亡的大計畫，被命名為「釷星」計畫。

羅傑·史密斯是一個真正的策略規劃專家、成本分析高手。他著手「釷星」計畫的第一步是消除個人對日本車的敵視，並且設法與豐田攜手合作。他認為，要擊倒日本，就必須加入他們的行列，如果和豐田合作，至少可以讓通用獲得日本最新汽車技術和管理方法的第一手資料。

「釷星」計畫的第二步就是破除官僚化且無效率的層次組織，另外耗資30億

美元成立一個專門生產「釷星」的公司。這個公司的特色就是生產設備在科技上的高度整合，從零件生產到裝配成車，均採一貫作業的方式，不必為外來核心零件延遲而浪費時間。任何員工或訂貨從進門到目的地的路絕不超過5分鐘。

最後一步就是勞資結構的重整。史密斯認為成本降低是汽車戰爭的開始，要和日本競爭，不降低勞工成本就一切淪為空談。於是釷星公司招兵買馬的對象都要求具有團隊精神，勞資雙方一起工作，共同決策，盈虧均沾，資方不得任意遣散勞工，勞工不得動輒要脅罷工。此種跳脫繁文縟節的工作模式，吸引了許多優秀、傑出的人才，投效到釷星的旗下。

釷星肩負的使命是使美國的汽車工業脫胎換骨，再創生機。經過長達8年的努力，「釷星」終於問世。據說，這部車採用的是先進的四汽缸鋁製引擎，由時速零加速到60裡只需8秒鐘，每加侖汽油可行駛35～40里，時速在75～80里時尚能在彎道上馳騁。至於其爆發力的操控性則更是無懈可擊，而它的售價則為11000～12000美元之間。

行銷智慧

對於一個企業，關鍵在著眼於它的未來。當市場形勢完全對競爭對手有利或因實力懸殊、無法抗衡時，企業不妨拋開與對手一決高下的覺醒，不做雞蛋碰石頭的事。可以換個方向，謀求與競爭對手合作，用對手的先進技術和方法來充實自己，蓄勢待發，先求生存，再謀發展。

戴夫・多索爾森：美國著名行銷專家、培訓大師，「創造性銷售」的創始人。著有《創造性銷售》等多本銷售方面的暢銷書。

天堂與地獄
──和競爭者做朋友

在市場行銷中，不要總是思考如何將壞結果強加於對手，更要考慮如何從對手那裡得到好處。

有一天，王小五巧遇觀世音菩薩，向菩薩提出想去看看天堂與地獄生活的心願。菩薩因王小五之虔誠而答應帶他遊天堂和地獄一圈。當菩薩帶王小五到陰森的地府時，看見的都是骨瘦如柴、飽受饑餓的小鬼。

「為什麼他們都這麼瘦呢？」王小五問菩薩。

「你瞧！」此時，正好是用餐時間，那些餓鬼都擠到一個巨大的鍋旁。不過，此時他們的雙手都被綁上了一雙長達6尺的木匙。他們爭先恐後，但由於被長匙所約束，無法將食物送進嘴裡，許多食物都被撥棄在地上了。看到這種情景，王小五才覺悟為什麼這些餓鬼永遠是那麼瘦小。菩薩又帶小五去參見天堂。天堂內鳥語花香，仙人們個個臉色紅潤，身體健康。

「到底祂們吃什麼食物呢？」小五問菩薩。

「食物沒有什麼差別，所不同的是不像地獄之餓鬼一樣貪婪、自私，你瞧！」適逢一群仙人在一個巨大的鍋前吃飯。他們的雙手也是被一雙長達6尺的木匙給綁著，與餓鬼無異，但不同的是，當祂們以木匙夾到食物時，祂們都是將食物往對方的嘴裡送去，而對方也將食物送給祂們。在大家彼此默契的合作下，個個都能盡享美味！

行銷智慧

我們開創事業時，難免會遇到同行的競爭，但不可以敵視的眼光看待同行，而應採取友善的態度。在利益一致時化戾氣為祥和，與對手合作，只有這樣才能互惠、互利。如果對方不利於自己的利益，就是對手；如果有利於自己的利益，就成為朋友。身為一名市場競爭者，最聰明的辦法不是打敗對手，而是讓對手變成能給自己帶來利益的人。

在市場競爭中，有種極高明的合作方式：競爭式合作。雙方看似水火不容，目的卻不是搞垮對方，而是激發對方，相互利用、成長，以便共同分享大市場，共同佔領市場。比如世界兩大名牌飲料可口可樂與百事可樂，雙方爭鬥了多年，從20世紀到21世紀，卻誰也沒鬥垮誰，雙方的實力反而越來越壯大。

在市場競爭中，對手不是仇人，雙方不是非成即敗、非存即亡的關係。市場競爭如同拳台競技，雙方越是有勝有敗、打得越是激烈，門票越好賣。若是有誰打遍天下無敵手，沒有任何對手了，他將失去比賽機會。市場競爭也是這樣，競爭都是依賴對手的存在而存在。沒有對手了，意味著這種產品就要被淘汰了。所以，不要總是思考如何將壞結果強加於對手，更要考慮如何從對手那裡得到好處。

羅素‧瑞夫斯：1910年出生於美國的維吉尼亞州。美國著名廣告人，「獨特的銷售主題」（USP）的創始人。曾任特德‧貝茲廣告公司董事長，使特德‧貝茲廣告公司在他的領導下從一個默默無聞的小公司成為全美第3大廣告公司。他親自撰寫的廣告為公司贏得了高達8400萬的廣告收入，創造了單人廣告收入的最高記錄。

兩家豆腐店
──樹立互惠意識

具有長遠眼光的行銷者在競爭中都應具有真誠互惠意識，只有這樣，才能贏得並留住顧客，使你在市場競爭中永遠立於不敗之地。

小朱家門前有兩家賣老豆腐的小店。一家叫「黃記」，一家叫「莫記」。兩家店是同時開張的。

剛開始，黃記生意十分興隆，吃老豆腐的人得排隊等候，來晚了就吃不到了。黃記的特點是：豆腐做得很紮實，口感好，給的量也特別大。

相較之下，莫記老豆腐就不一樣了，首先是豆腐做得軟，軟得像湯汁，不成形狀；其次是給的豆腐少，加的湯多，一碗老豆腐有半碗湯。因此，在一段時間裡，莫記的門前冷冷清清的。

有一天早上，因為小朱睡太晚了，只好來到莫記的豆腐店。

吃完了一碗老豆腐，老闆走過來，笑著問小朱豆腐怎麼樣。小朱實話實說：「味道還可以，就是豆腐有點軟。」老闆笑了笑，竟有幾分滿意的樣子。小朱問：「你怎麼不學學黃記呢？」老闆看著他說：「學他什麼呀？」小朱說：「把豆腐做得紮實一點呀！」

老闆反問他：「我為什麼要學他呢？」沉思了一下，老闆自我解釋說：「我知道了，你是說，來我這邊吃豆腐的人少，是嗎？」小朱點點頭。老闆建議他兩個月以後再來，看看是不是會有變化。

大概一個多月後，莫記的門前居然真的排起了長隊。

小朱很好奇，也排隊買了一碗，看看碗裡的豆腐，仍然是稀稀的湯汁，和以前沒什麼兩樣，吃起來，也是從前的味道。老闆臉上仍然掛著憨厚的笑。小朱笑著問：「能告訴我其中的秘訣嗎？」老闆說：「其實，我和黃記的老闆是師兄弟。」小朱有些驚訝：「那你們做的豆腐不一樣呀？」

老闆說：「是不一樣。我師兄——黃記做的豆腐確實好，我真的比不上；但我的豆腐湯是加入好幾種骨頭，再搭配調味料，經過12個小時熬製而成，師兄在這方面就不如我了。」看他還有些不解，老闆繼續解釋：「這是我師傅特意傳授給我們的。

師傅說，生意想要做長遠，就必須有自己的特長。師傅還告訴我們，『吃』的生意最難做，因為眾口難調，人的口味是不斷變化的，即使是山珍海味，經常吃也會煩，因此師傅傳給我們不同手藝。這樣，人們吃膩了我師兄的豆腐，就會到我這裡來喝湯。時間久了，人們還會回到我師兄那裡。再過一段時間，人們又會來我這裡。

這樣，我們師兄弟的生意就能比較長遠地做下去，並且互不影響。」小朱試探地問：「你難道就不想跟師兄學做豆腐嗎？」老闆卻說：「師傅告訴我們，能做精一件事就不容易了。有時候，你想樣樣精，結果樣樣差。」

小朱陷入了深思。

行銷智慧

黃、莫二人是道道地地的競爭對手，但這兩個競爭對手進行的不是「你死我活」、「爾虞我詐」的競爭，而是現代文明的競爭，是實現雙贏的競爭，是可持續發展的競爭。具有長遠眼光的行銷者都應具備這樣的意識。

真誠互惠意識是行銷過程中的交往意識和功利意識。進行行銷活動就不可避免地要和外界交往，要在競爭中營利生存。但在真誠互惠意識理論指導下的競爭，並非勢不兩立的惡性競爭，而是既競爭又合作，共同發展的雙贏或多贏式競爭。

在行銷工作中，應該樹立「你中有我，我中有你」的互惠意識。互惠意識表現在4個層次上：目的的互利互惠、計畫的互利互惠、行為的互利互惠和效果的互利互惠。只有這樣，才能贏得並留住顧客，使你在市場競爭中永遠立於不敗之地。

賈昌榮：實戰品牌行銷專家，中國企業十大策劃師、中國企業十大最具魅力培訓師、中國品牌研究院特約研究員。現創辦授之漁行銷顧問機構，任總經理、首席顧問。主要著作《新行銷主張》、《新品牌主張》、《服務行銷戰》等。同時，在《成功行銷》、《銷售與市場》、《銷售與管理》、《商界》、《中外管理》、《經理人》、《贏週刊》、《中國品牌》、《廣告導報》等50餘家專業媒體發表行銷論文300多篇，累計超過120萬字。

向日本本土進軍
——進攻是最好的防禦

一個市場競爭者，不應該在面臨競爭對手的削價、促銷閃電戰、產品改進或銷售區被入侵時，保持被動。最好的防禦方法就是發動一場最有效的進攻。

100多年前，柯達公司就以其容易操作的照相機、高品質底片而聞名。當日本的富士底片進入美國底片市場時，它供應的高品質彩色底片價格比柯達低10％，並且還打擊了柯達的高速底片市場。富士宣佈其目標是要贏得15％的市場佔有率。顯然，富士正向柯達的核心產品——彩色底片發動進攻。

首先，柯達在美國市場展開激烈反擊以保護本國底片市場的佔有率。它針對富士的低價，進行了一連串的產品改進，而且投入了巨額的廣告和促銷費用。在1988年夏季，柯達花費1000萬美元贊助費，獲得了韓國漢城奧運會指定底片的特惠。此後，在1992年又獲得巴賽隆納的夏季奧運會指定底片。透過這些活動，柯達成功地捍衛了它在美國的地位。

接著，柯達採取進一步行動，即向富士的原產地日本進軍。第一步，柯達建立了獨立的分公司；第二步，柯達買下了日本經銷商並組成它自己的日本行銷隊伍；第三步，柯達投資了一個新技術中心並加強了日本的研究設施；最後，柯達日本公司主辦各種促銷和公共宣傳活動，如日本電視談話節目等。

柯達直接向日本市場進攻作用有三。一是日本的底片與相紙市場僅次於美國，為柯達提供了巨大的銷售機會；二是新照相技術的原產地在日本，這樣幫助柯達獲得了最新的發展；三是日本的獨資與合資企業幫助柯達瞭解了日本的

製造工藝，為它在美國和世界其他市場獲得成功奠定了基礎。

行銷智慧

進攻是最好的防禦。依靠陣地防禦無法取得戰爭勝利，只有進攻才能取勝。即使在絕對劣勢的情況下，也應以進攻取代防禦。一個市場競爭者不應該在面臨競爭對手的削價、促銷閃電戰、產品改進或銷售區被入侵時，保持被動。最好的防禦方法就是積極地回擊，發動一場有效的進攻，既保護自己，又打擊競爭者。

一般防禦者都處於領先的地位，因為它已經在消費者的頭腦中留下了印象。而防禦者提高地位的最好辦法是不斷地加深顧客頭腦中的觀念。換句話說，就是要不斷引進新產品和新服務，依靠不斷的創新來吸引消費者，以此來鞏固你的地位。

IBM每隔不久就推出電腦的新系列，其價格和性能同現有的產品相比都佔有絕對的優勢。競爭環境此消彼長。移動的目標總比靜止的目標難以擊中。進攻可能會犧牲眼前的利益，但是卻有一個最好的好處，就是保衛市場佔有率，而這才是打贏行銷戰的最終武器。反之，倘若在進攻自我上猶豫不決，通常就會喪失市場份額，並最終喪失市場領先者的地位。

李踐：1965年出生，李嘉誠旗下香港TOM戶外傳媒集團總裁，知名行銷、傳播、管理專家，2000年香港「紫荊花杯」傑出企業家。2002年榮獲「中國最具影響力的10大培訓師」稱號。其著作：《做自己想做的人》、《又賺錢又快樂》、《贏家策略》、《有效提升銷售的12大黃金法則》等。其中《做自己想做的人》為2001年中國十大暢銷書之一。

「北極絨」的智慧
——在跟進中超越對手

在資本密集且產品同異性高的行業如鋼鐵、化工等中，不應持有短期奪取市場佔有率的心態。明智的策略是跟隨市場的領導者，以相同的產品給客戶，進而獲得較穩定的市場佔有率。

中國「北極絨」公司可謂是保暖內衣行業的智慧競爭者，僅經過短短1年時間，便在巧妙的跟隨中超越了對手，打響了自己的知名度。作為保暖內衣，在1年時間內由一個新興行業的後起之秀，而確立自己在行業中的主力地位，並且還創造出年銷售額增長率高達300%的奇蹟。它的行銷秘訣在哪裡呢？

身為後進者，能夠在如此激烈的商戰中站穩腳跟並取得如此成績。「北極絨」的老闆——上海賽洋科技實業有限公司的總經理吳一鳴是這樣回答的：「『北極絨』的行銷特點就是跟進，因為跟進是快樂的。就好比10000米長跑，時時刻刻跑第一很累，很耗精力。而且為了維持老大的尊嚴不得不犧牲很多，負擔太重。而緊跟第一不僅可以節省精力，收益也不會太少，還可以處於一個非常有利的位置觀察對手，一有機會就打亂對方的節奏，遠遠地甩掉他。跟進只是『北極絨』的一種手段而不是『北極絨』的目的，今天的跟進正是在為企業贏得寶貴的時間去積蓄能量，為了明天的超越做準備。」

「北極絨」雖然進入保暖內衣行業的時機較晚，但是它有著敏銳的市場洞悉力，很快發現了這個行業中產品的缺陷——傳統的全棉內衣質料吸汗卻不導濕，保暖性差；而添加了塑膠薄膜的內衣質料雖然保暖，卻更不導濕。因此，進入

保暖內衣行業必須採取跟進而又創新的產品策略，一定要改進產品的缺陷。當2000年保暖內衣行業出現品質信任危機時，「北極絨」企業產品卻以其先見之明和產品的技術創新脫穎而出，迅速佔領了大部分市場。

在市場競爭上，「北極絨」採取前進跟隨的策略。2000年，「北極絨」保暖內衣在異常激烈的市場競爭中審時度勢，制定了前進跟隨的市場策略。當然，「北極絨」不是盲目地跟隨，而是穩紮穩打地做自己的產品，巧妙避開市場的正面競爭，為企業的後勢發展贏取了寶貴的時間。

「北極絨」的新產品——「綠之吻」夏季內衣，在「中國針織品交流會」上又閃亮登場了，並且緊跟著「南極人」涉足羽絨服行業。在廣告策略上，「北極絨」一樣實行了聰明的跟隨策略，巧藉名牌產品「南極人」之勢，迅速擴大了產品的知名度。

行銷智慧

美國市場學學者李維特教授認為，有時產品模仿像產品創新一樣有利。因為一種新產品的開發和商品化要投入大量資金，也就是說，市場領導者地位的獲得是有代價的。

當企業的產品差異化及形象差異化很低，而價格敏感度卻很高時，很容易爆發價格競爭，最終導致兩敗俱傷。因此，在資本密集且產品同異性高的行業如鋼鐵、化工等中，不應持有短期奪取市場佔有率的心態，因為這一策略只會激怒同業的報復。因此，明智的策略是跟隨市場的領導者，以相同的產品（通常是模仿領先者的產品）給客戶，進而獲得較穩定的市場佔有率。

市場跟隨者並不是毫無策略可言，市場跟隨者必須懂得如何維持現有顧

客，並爭取一定數量的新顧客；必須設法給自己的目標市場帶來某些特有的利益，如地點、服務、融資等；還必須盡力降低成本並保持較高的產品品質和服務品質。跟隨並不等於被動挨打，或是單純模仿領導者，它也應在新市場打開時立即進入，並抓住機會超越對手。

具體來說，跟隨策略可分為以下三類：

1.緊密跟隨：跟隨者盡可能在各市場區隔及行銷組合領域上模仿領先者，它幾乎是一個挑戰者，但若不激進地阻擋領先者，則不會發生直接的衝突。有些跟隨者表現為較強的寄生性，因為它們很少刺激市場，總是依賴市場領導者的市場努力而生存。

2.保持距離地跟隨： 此類跟隨者對市場領先者而言很能夠接受，因它不會干擾領先者的市場計畫，而其佔有率又有助於使領先者免於壟斷的控訴。這種有距離的跟隨者可以透過兼併同行業中弱小企業而使自己發展壯大。

3.選擇性的跟隨：這類公司在某些方面緊跟著領先者，而在另一方面又自行其道。公司的創新意識較強，它不是盲目追隨，而是擇優跟隨，在跟隨的同時還要發展自己的獨創性。但它避免直接競爭，並且在利益明顯之處跟隨領先者的許多策略，使之可成長為未來的挑戰者。

> 羅伯特·伍德魯夫：前可口可樂公司董事長兼總經理，擁有可口可樂公司350萬股的最大股東。羅伯特·伍德魯夫雖然不是可口可樂的發明者，可是他用獨特的銷售手段將可口可樂行銷到全世界，奪得「世界飲料之王」的桂冠，而這一偉大的成就也使他成為當之無愧的「可口可樂之父」。

置地地產的大意
——不要輕視弱小競爭者

在市場競爭中，不要輕視任何一個競爭對手，哪怕對方是多麼的微不足道。

香港的地鐵工程曾在1977年實施專案招標。人們的目光大都投向置地地產，因為置地地產是香港地產界的霸主，無論是資金、實力還是名聲都無人可與之抗衡。置地地產自恃實力雄厚，根本不把競爭對手放在眼裡，至於當時尚在發展階段的長江實業，置地地產就更沒把它列入對手之列。

長江實業地產的李嘉誠冷靜地分析了地產。他認為，置地地產有個最大的弱點，就是過於自大，目空一切，以自我為中心，這樣的企業未必會研究競爭對手的優劣。就這樣，置地地產的輕敵，給了長江實業可乘之機。

李嘉誠仔細研究地鐵公司招標的真正意向，又瞭解港府的意圖，分析地鐵公司現金嚴重不足的困難，最後制定出對地鐵公司有利的投標書。置地地產雖然也參加競標，不過沒有估計到不起眼的長江實業竟如此認真地研究過自己和地鐵公司，他們仍認為自己有百分之百的把握得標。遺憾的是，置地地產怎麼也沒想到，有30多家財團參加的招標競投中，長江實業卻一馬當先！

置地地產的大意和輕敵，成就了一個地產大王李嘉誠。

行銷智慧

上面這則故事告訴我們，在市場競爭中，不可輕視任何一個競爭者，哪怕對方多麼微不足道。微不足道的競爭者也有攻擊力。

兵戰中許多強師打了敗仗，多半是由於輕敵所致。那些弱小的競爭者目前可能對你還構不成威脅，但是他們也許代表著一股新思維、新技術、新需求。儘管你實力雄厚，但是生產出的東西過時了，不再受歡迎了，被擠出市場就是必然。那些弱小的競爭者在100項中，可能99項都是弱項，只有一項是強項，但是就憑著這一強項，從弱變強，最後竟與你平分天下。

「百事可樂」本來是個「小不點」，最後竟與「可口可樂」平分可樂市場。「NIKE」原先根本無法與「愛迪達」抗衡，但NIKE公司找到了愛迪達公司的弱點之後，把愛迪達擠下了盟主的寶座。

所以，千萬不要輕視任何一個競爭對手，哪怕他是多麼的弱小！

朱玉童：品牌行銷國際顧問機構總經理，新行銷理論宣導者。深圳市諮詢顧問業10大金牌顧問、中國最具影響力的8位策劃人、中國行銷10大風雲人物、首屆中國10大策劃風雲人物；2次被評為「中國10大策劃業領袖」、「中國100位傑出廣告人」等稱號。出版專著有《曝光一個廣告人的「陰謀」》、《行銷X檔案》、《破解行銷之謎》、《管道衝突》等。

江崎的泡泡糖
——做市場補缺者

即使是已經成熟的市場，也並非無縫可鑽。市場是在不斷變化，機會總能夠找到。

多年來，勞特公司一直壟斷著日本的泡泡糖市場，其他企業想要打入泡泡糖市場似乎已毫無可能。而在1991年，弱小的江崎糖業公司一下子竟奪走了勞特公司1/3的市場。江崎公司是怎樣獲得成功的呢？

首先，公司組織人員專門研究勞特公司泡泡糖的優點與缺點。經過一段時間認真、仔細的調查與分析，他們找出了勞特公司生產的泡泡糖有幾個缺點：一是口味單一，只有果味型；二是形狀單一，基本上都是單調的條狀；三是銷售對象太單一，主要以兒童為主，其實成年人喜歡泡泡糖的也不少；四是價格為每塊110日元，顧客購買時要找零錢，頗不方便。

發現以上這些可鑽的漏洞以後，江崎公司對症下藥，迅速推出了一系列泡泡糖新產品：交際用的泡泡糖，可以清潔口腔，消除口臭；提神用的泡泡糖，可以消除疲倦；運動用的泡泡糖，可以增強體力；輕鬆、休閒的泡泡糖，可以改變抑鬱情緒。

在泡泡糖形狀發明上，推出了卡片形、圓球形、動物形各種形狀。

為了方便食用，江崎公司採用了一種只需一隻手就可以打開的新包裝。在價格上，為了避免找零錢的麻煩，一律定價為每塊50日元和100日元兩種。

透過一連串的措施，加上強大的廣告宣傳，1991年江崎糖業公司在泡泡糖市場上的佔有率一下子就達到25％，創造了銷售額達150億日元的高記錄。江崎糖業公司的創辦人江崎談他的創業成功秘訣時這樣說：「即使是已經成熟的市場，也並非無縫可鑽。市場是在不斷變化，機會總能夠找到。」

行銷智慧

不管企業處於什麼現狀，只要智慧運用得當，都會給企業的發展開拓出廣闊的生存空間。抓住市場的空缺對於小企業來說尤其重要，忽視它，就等於忽視了大片市場。如果江崎糖業公司不肯動腦筋，依然按照別人走過的路如影隨形，就不可能有自己的出路，只能跟在那些大公司後面吃些殘羹而已。

日本尼西奇股份有限公司是一個生產尿布的集團公司。如今，在日本，尼西奇公司生產的小小尿布與松下電器、豐田汽車等世界名牌產品一樣著名。

尼西奇公司在20世紀40年代末期，僅是個生產雨衣、防雨斗篷、泳帽、衛生帶、尿布等橡膠製品的綜合性小企業，只有30多人。一次，公司從日本政府發表的人口普查資料中得到啟發，日本每年大約有250萬個嬰兒出生，尿布是不可缺少的，如果每個嬰兒用兩條，全國一年就需要500萬條，這是一個多麼廣闊的市場啊！像尿布這樣的小商品，大企業根本不屑一顧，雖然小企業的人力、物力和技術有限，但如果能另闢蹊徑，也必定有所作為。

於是，尼西奇公司隨即做出了決策：專門生產小孩尿布。現在，公司的年銷售額已超過70億日元，產品不僅佔領了國內市場，而且行銷世界70多個國家和地區，成了名副其實的「尿布大王」。尼西奇公司的生意經是：「只要有需求存在，小市場也可以挖掘出大金礦！」

很多人總抱怨說市場都被一些大企業壟斷了，根本沒有他們的立足之地，沒有機會與他們競爭。於是，就對市場失去了信心。其實這種思想就是沒有開發自己的智慧，只要你能夠多進行市場調查，就能夠發現市場始終有一些大企業忽視的空缺，抓住這些空缺就會在大企業的夾縫中發展起來，走向成功。

有時候，市場的空缺不是你去發現的，而是要你去創造的，你創造了市場的空缺你就在激烈的市場競爭中佔有一席之地，善於創造市場空缺的行銷者，在市場競爭中往往能製造一些奇蹟。在開發和生產補缺產品時，企業應不斷創新，讓產品不斷更新換代。

因為跟著別人的成功腳步既受限又乏味，獨創的東西才有發展的空間！

R・雷斯：1901年出生於美國維吉尼亞州，畢業於維吉尼亞大學。雷斯是獲得「傑出廣告文案家」榮譽的5位廣告人之一，被近代廣告界公認為廣告大師。1940年進入達彼思廣告公司，1955年成為該公司董事長。雷斯創立的廣告哲學和原則，使這家公司躍升為世界最大的廣告公司之一（在美國曾排名第四）。「獨特的銷售主張（USP）」學派的首創者。「獨特的銷售主張」是廣告發展歷史上最早提出的一個具有廣泛深遠影響的廣告創意理論。雷斯第一本也是最重要的著作是《實效的廣告——USP》，該書1961年出版發行，立即成為暢銷書。

沃爾瑪天天低價
——薄利多銷永遠都適用

低價可以為企業在市場競爭中贏得優勢。

山姆‧沃爾頓在1962年開設了第一家折價商店。現在，沃爾瑪連鎖公司已是世界零售巨人，年銷售額位居世界第一。的確，它成功的重要原因之一就在於它的價格策略——天天低價。沃爾瑪在定價時都會盡可能的低廉，只高出成本一點；而且長期穩定地保持這種低廉價位。即使是某些商品擁有某種壟斷優勢或是遇到意外情況也不輕易改變，這已成為沃爾瑪一種固定不變的行銷戰略。

沃爾瑪的商品售價通常比其他連鎖企業要低20％，沃爾瑪根據對同業的調查估計出該行業的市場平均價格，然後在平均價格和進貨價格之間找出一個中間價，作為該商品在沃爾瑪的正式售價，一般的做法是，沃爾瑪按比進價高30％的比率來定價，以體現「薄利多銷」的原則。

沃爾瑪這種立足長遠的行銷戰略，使人們越來越深刻地感受到沃爾瑪「天天低價」的真實可靠，同時也使沃爾瑪自己贏得了巨大的勝利。

行銷智慧

山姆‧沃爾頓說過：「每當我們浪費一塊錢，就等於讓顧客多掏出一塊錢；每當我們替顧客多省一塊錢，就等於在競爭中向前邁進了一步。當市場上的產品都趨向於同質化時，消費者就會對價格特別敏感。因此，企業要不斷地千方百計削減行銷的成本，包括材料的採購、產品的設計、管道的選擇、產品

的促銷等方面成本的降低，把節省下來的差價轉給顧客。超低的價格可使企業的產品得以在最短時間內被一掃而空，企業因此得以透過增加銷售量和週轉率來賺取利潤。

那麼，企業如何才能使產品做到物美價廉呢？首先，要控制產品生產成本。在保證產品品質的基礎上，嚴格控制原物料的成本、員工成本，當生產流程跟不上生產的需求時，需要進行革新。有時，革新生產流程對控制成本可以產生很重要的作用。其次，進行產品設計上的創新。擺脫老套產品設計方式，進行新的嘗試，往往能使企業走出一條不同的道路。它不僅能更新產品的款式，而且還能有效地節約產品設計成本。再次，要挑選合適的銷售管道。銷售管道也是企業控制成本的一個重要方面。合適的銷售管道不一定在於大規模、有名，而在於是否適合企業快速、便利地將產品送至消費者手中，同時又能節省費用。

另外，促銷活動在於精而不在於多。要發揮促銷的作用，不在於頻繁地開展，而在於善於捕捉機會，巧於借力，例如借用某一名人進行大肆宣傳等等。

戚海軍：現為四川點石成金行銷策劃機構總經理兼首席策劃師。中國著名行銷實戰專家和資深策劃人，被中國企業界稱為「國內最具有實戰經驗的年輕策劃大師」。中國品牌研究院高級研究員、廣東省酒類行業協會行銷專業委員會特聘行銷顧問。著有《談行銷──我與48位老闆的對話》等專著，並發表了上千篇深受影響的行銷經典學術論文。

第 十 章

誰關注消費者，
誰就是贏家：
用服務建立客戶忠誠

汽車維修廠的老闆
——以誠待客

那些能在行銷領域取得巨大成功的人都有許多共同的特點，其中之一就是為人誠實。在行銷活動中，只有以誠待人，才能做成大生意；只有以誠待人，才能歷久不衰。

一名顧客走進了一家汽車維修廠，他自稱是某運輸公司的汽車司機。在買完汽車零件以後，他對汽車維修廠老闆說：「在我的帳單上多寫點零件，我回公司報銷後，會有你的好處的。」但沒想到這位老闆拒絕了他的要求。顧客糾纏說：「我的生意不算小，會常來的，你一定能賺很多錢！」

但汽車維修廠老闆還是告訴他，這件事無論如何他都不會做。顧客氣急敗壞地嚷道：「誰都會這麼做的，你不要太傻了。」老闆生氣了，他要那個顧客馬上離開，到別處談這種生意去。就在這個時候，顧客露出微笑並滿懷敬佩地握住汽車維修廠老闆的手：「我就是那家運輸公司的老闆，我一直在尋找一個信得過的汽車維修廠，你還讓我到哪裡去談這筆生意呢？」借助著這家運輸公司的生意，這家汽車維修廠日益興隆了起來。

行銷智慧

汽車維修廠老闆面對誘惑，不怦然心動，不為其所惑，真正做到了以誠待客，因為他懂得，做人靠的是信譽，以誠待客客自來，顧客的信任才是企業生存的基礎。誠信不僅僅是一種個人修養，不僅僅是一種包裝，而是一種可以直接帶來財富，轉化為金錢的無價之寶。

　　日本大企業家小池說過：「做生意成功的第一要訣就是誠信。誠信就像樹木的根，如果沒有根，樹木就別想有生命了。」小池20歲時在一家機器公司當行銷員。有一個時期，他半個月內就跟33位顧客做成生意了。但後來，他發現他們賣的機器比別的公司同樣性能的機器昂貴。他想和他訂合約的客戶如果知道了，一定會對他的信用產生懷疑。於是小池立即逐家逐戶去找客戶，然後老老實實告訴客戶，他所賣的機器比別家的機器昂貴，為此請他們解除合約。這種誠實的做法使每個客戶都深受感動。結果，33人中沒有一個跟小池解約。

　　有些人面對顧客，以假充真、以次充好，一味靠不正當的手段賺顧客的錢，他們以為這是「發財」的快捷方式，卻忘了，這種做法可以暫時的矇騙少數顧客，但卻不能永遠矇騙所有的顧客。一時的欺騙雖能得逞，但卻失去了誠信，失去了做生意的根本，最終還是會失敗的。

　　信譽是商業道德之本，競爭取勝之道，提高經濟效益之寶。「千金買名，萬金買譽」說的就是這個道理。在市場經濟中，我們一定要樹立「誠信第一」、「消費者第一」、「顧客至上」的服務觀念，在行銷活動中，要努力建立和保持崇高的商業信譽，自覺地養成以誠待客的職業思想和行為習慣。

　　威廉・佈雷斯南：美國最大的有線電視公司──美國有線電視（TEL）公司有線電視部門的總裁。1933年11月5日出生於美國明尼蘇達州的曼卡托，曾就讀於曼卡托技術學校、曼卡托商業大學和溫尼州大學。從1974起，他一直擔任有線電視公司的高級代理總裁。曾任全國有線電視聯合會主席。1984年，他開辦了自己的有線電視公司「佈雷斯南通訊」。威廉・佈雷斯南經常說的一句話就是：「我們是做服務業生意的，必須讓我們的客戶覺得物超所值，所以我們要有求必應。」

35通緊急電話
——賣完了也不要忘記顧客

真正的銷售始於售後，並非在貨品出售之前。

一次，一位美國女記者在日本東京奧達克餘百貨公司買了一台電唱機，準備送給住在東京的婆婆作為見面禮。當時，售貨員以日本人特有的彬彬有禮的態度服務，她欣賞著售貨員的熱情服務滿意而歸。但是，當她回到住所開機試用時，卻發現電唱機沒有裝內件，根本無法使用。

女記者不禁火冒三丈，準備第二天一早便去奧達克餘百貨公司交涉，並迅速寫成一份新聞稿，題目是《笑臉背後的真面目》。

第二天，當女記者正準備動身前往奧達克餘百貨公司交涉時，一輛汽車趕到她的住處，從車上下來的是奧達克餘百貨公司的副總經理和拎著皮箱的職員。他們一進女記者的客廳便俯首鞠躬，表示歉意。女記者頗感意外，他們是怎麼找到這裡的？那位副總經理打開記事簿，講述了大致的經過。

原來，昨天下午清點商品時，他們發現錯將一個空心的貨樣賣給了一位顧客。因為此事非同小可，經理馬上召集有關人員商議。當時只有兩條線索可循，即顧客的名字和她留下的一張標有「美國快遞公司」的名片。

據此，奧達克餘百貨公司展開了一連串大海撈針的行動，打了32通緊急電話向東京各大飯店查詢，但沒有結果。於是又打電話給紐約的「美國快遞公司」總部，接著打電話給顧客的父母，從那裡得知了顧客東京的住所。這期間的緊

急電話合計35通。接著，副總經理親手將一台完好的電唱機，外加唱片一張、蛋糕一盒奉上，然後離去。這一切使這位女記者深受感動，她立即重寫了新聞稿，題目叫《35通緊急電話》。

行銷智慧

從故事中我們可以看出，這家日本百貨公司有著良好的售後服務意識，從問題發生到圓滿處理結束，整個過程反應之迅速，處理之及時，態度之誠懇，方法如此之得當，最後讓顧客深受感動。美國著名企業家吉拉德曾自豪地說：「有一件事許多公司沒能做到，而我卻做到了，那就是我堅信銷售真正始於售後，並非在貨品出售之前。」這種始於產品銷售之後的行銷謀略，有人稱之為「第二次競爭」。

綜合所有的行銷經驗可以發現，新生意的來源往往都是老顧客。幾乎每一種生意都是如此。例如買了一套新家電，就會常覺得自己是「代理商」。因為你對新家電的熱情，會跟鄰居、朋友不斷提買家電的事，結果成了家電商的廣告代言人。

美國凱特皮納勒公司是世界性的生產推土機和鏟車的公司。它曾在廣告中說：「不管在世界上哪一個地方，凡是買了我產品的人，需要更換零件時，我們保證在48小時內送到你們手中，如果送不到，我們的產品就免費送給你們。」他們說到做到，有一次，為了把一個價值只有50美元的零件送到偏遠地區，不惜動用了一架直升機，花費竟高達2000美元。有時候無法按時在48小時內把零件送到用戶手中，他們就真的按照廣告說的那樣，把產品免費送給用戶。由於經營信譽高，這家公司經歷50年而不衰。售後服務包括以下內容：

1‧送貨服務：對購買重量大、體積大的商品或者有特殊困難的顧客，企業必須提供送貨到府的服務項目。在送貨的途中要注意顧客的地址，貨物必須小心運輸。

2‧包裝服務：對於顧客購買的一些商品，商家應該給予包裝，便於顧客攜帶，保持商品不受損壞。尤其是一些貴重的物品，例如禮品、玻璃器皿、怕水或怕火的商品更要精心包裝。在包裝商品的時候，商家應該使用印有公司名稱、廠商、地址、電話號碼等的包裝物，這樣不僅保護了商品，而且宣傳了公司的形象，是一種行之有效的廣告宣傳方法。

3‧安裝服務：比如，美國IBM電腦公司對所售出的電腦承諾，不但所購電腦由公司派人到府安裝，而且還派人到府幫助用戶搬遷。其優質的服務精神為IBM公司創造了良好的形象，成為電腦製造公司服務行業的標兵。此外，還應嚴格實行「三包」服務：即包修、包換和包退。實行「三包」是企業服務項目中最基本的服務承諾，同時是爭取顧客、獲得更大銷售成績的利器。

吉田秀雄：1903年出生於日本的九州小倉，被人譽為廣告鬼才。1928年，吉田秀雄從東京帝國大學（現在的東京大學）畢業後，進入株式會社日本電報通信社（現在的日本電通）工作。1947年，吉田秀雄出任日本電通的第4屆社長。1951年7月，在電通成立51週年紀念日的典禮上，秀雄希望公司全體同仁成為廣告之「鬼才」。一個月之後，他寫下了「廣告鬼才十則」。吉田秀雄說：「廣告是真與美的結合。」

一根鐵釘失了一個國家 ——關注客戶，淙細節做起

要取得客戶的信任，並非需要做什麼大事，只要注意每件小事，百分之百地體察客戶的心情，即可讓客戶獲得滿意。

國王查理三世和公爵亨利準備拼死一戰，這場戰鬥將決定誰統治英國。戰鬥前的當天早上，查理派了一個馬夫，請他幫自己最喜歡的戰馬釘上鐵蹄。

「快點幫牠釘鐵蹄，國王希望騎著牠打頭陣。」馬夫對鐵匠說。

「你得等一等，我前幾天幫國王全軍的馬都釘了鐵蹄，現在我得去找些鐵片來。」鐵匠回答。

「我等不及了，國王的敵人正在推進，我們必須在戰場上迎擊敵兵，有什麼你就用什麼吧！」馬夫不耐煩地叫道。

鐵匠從一根鐵條上做出4個馬掌，把它們打平、整形，固定在馬蹄上，然後開始釘釘子。釘了3個馬蹄之後，他發現沒有釘子來釘第4個馬蹄了。「你再等會兒，我需要時間打出一兩根釘子。」他說。

「我告訴過你我等不及了，我已經聽見軍號了，你能不能就湊合著用？」馬夫急切地說。

「我能把鐵蹄釘上，但是不能像其他幾個那麼牢靠。」

「能不能掛住？」馬夫問。

「應該能，」鐵匠回答，「但我沒有把握。」

「好了，就這樣，」馬夫叫道，「快點，要不然國王會怪罪到我們兩人身上的。」兩軍交鋒，查理國王就在軍隊的陣中，他衝鋒陷陣，鞭策士兵迎戰敵人。「衝啊，衝啊！」他喊著，率領部隊衝向敵陣。 遠遠地，他看見戰場另一頭幾個自己的士兵退卻了。如果別人看見他們這樣，也會後退的，所以查理策馬揚鞭衝向那個缺口，召喚士兵調頭戰鬥。

他還沒走到一半，一個鐵蹄掉了，戰馬跌翻在地，查理也被摔到地上。國王還沒來得及抓住韁繩，驚恐的戰馬就跳起來逃走了。查理環顧四周，他的士兵們紛紛轉身撤退，亨利的軍隊包圍了上來。他在空中揮舞寶劍，「馬！」他喊道，「一匹馬，我的國家傾覆就因為這一匹馬。」他沒有馬騎了，軍隊也已經潰敗，士兵們自顧不暇。不一會兒，亨利的士兵俘虜了查理，戰鬥結束了。

從那時起，人們就說：「少了一根鐵釘，掉了一個鐵蹄。少了一個鐵蹄，丟了一匹戰馬。少了一匹戰馬，敗了一場戰役。敗了一場戰役，失了一個國家。」

行銷智慧

關注客戶，要從細節做起，這是行銷人員一個不可或缺的素質。不要忽視你認為並不重要的事情，有時，一些看似微不足道的小事情，會讓你所有的努力付諸東流。因此，企業在行銷過程中，應注意細節，做好每一個細節，贏得客戶充分信任，才是企業行銷的真正勝利。否則，因小失大，就怕為時已晚。因為一根小小的鐵釘，致使喪失一個國家。

有一次，一個行銷員給一個客戶發貨，可能是從登記資料開始就已經筆誤

了，把客戶李建祥打成了李健祥，貨物發出去後，沒有幾天公司接到了一通電話，說客戶名字寫錯了，要求退貨，因為窺一斑而知全豹，連我的名字都可以打錯，不知道以後其他的服務會不會出錯或者打折，最後經過多次道歉才把事情擺平。但是客戶都是一朝被蛇咬，十年怕井繩，以後會越來越小心，甚至有的客戶聽說贈送小禮物，都會拿出來仔細瞧瞧看看有沒有品質問題，有問題馬上反彈，你公司說話不算話，以後怎麼相信你們呀！所以服務要從細節，勿以事小而不為。

松下幸之助曾經說過，生意人應該把賣商品當作嫁女兒那樣來對待。女兒出嫁後，父親會時時擔心她婚後生活是否美滿。生意人若對客戶買的東西也有這樣的心態，就會發自內心地去關心客戶的需要，重視商品是否合客戶的需求。例如，會想到「客戶使用後是否覺得滿意」、「到底有沒有發生故障」、「應該去聽聽他們的意見」等等。如每次都能抱著這種態度做生意，就會跟客戶建立起良好而長期的關係。這樣必會贏得客戶的支持和喜愛，進而使生意日益興隆。

韋伯·揚：1886年出生於美國，22歲時成為書店的廣告經理。26歲時開始在廣告公司做文案。1917年任智威湯遜廣告公司紐約總公司副總經理。1928年後在芝加哥大學商學院任教5年，是該學院「廣告」和「商業史」課程的唯一教授。美國新墨西哥大學曾授予他法律博士頭銜。1974年即他去世一年後，獲「廣告榮譽大獎」這一廣告界的最高榮譽。

10年就是24000美元
——善待老顧客

留住老客戶，永遠都是一個企業應該努力去做的。

雷斯太太是「快樂格林」超級市場的老主顧。她剛剛從該超級市場購物出來，正在大發雷霆：農產部的人拒絕替她把梨分成小包；乳品部的脫脂牛奶又已售完；接著收銀員一定要她出示兩項身分證明，才肯接受她的支票。

他們把她當成什麼人了？罪犯嗎？

現在雷斯太太已經決定到別處購物了。而「快樂格林」的營業員卻對此毫不在乎。「快樂格林」是一所大型連鎖超市，雷斯太太對他們並不特別重要，即使每月少掉她那200美元，他們也不會倒閉。

可是，「快樂格林」的營業員們實在需要知道一些實際的經濟情況，成功的企業都會考慮長期效益。他們關注的是服務所帶來的連鎖效應，而不僅僅是單一買賣所帶來的即時收益。

失去雷斯太太這位顧客，並不僅僅意味著失去了200美元，其失去的遠遠超過這個數目。她每月購買200美元的東西，一年就是2400美元，10年就是24000美元了。

行銷智慧

企業的利潤是都是從顧客身上來的，但不同的顧客對效益的「貢獻」不

同。忠誠的老顧客惠顧企業的時間長，累計購買金額大，他們同時也是企業的義務宣傳員，他們會重複購買，是企業經濟收入的主要提供者。

把行銷的重點集中在爭奪新顧客上，對自己最重要的老顧客卻視而不見，其結果是尋找到的新顧客為丟掉的老顧客所抵消，且得不償失。其實，與新顧客相比，老顧客會給企業帶來更多的利益。精明的商家在努力創造新顧客的同時，會想方設法將顧客的滿意度轉化為持久的忠誠度，像對待新顧客一樣重視老顧客的利潤，把與顧客建立長期關係作為目標。

老顧客可以給企業帶來相當客觀的直接經濟效益。曾有研究表明：如果重複購買的顧客在所有顧客中所占的比例提高5%，對於一家銀行，利潤會增加85%；對於汽車維修店，利潤會增加30%。

老顧客都是公司的財富，如果使老顧客不滿而從此放棄購買公司的產品，會招致極其巨大的損失。當一位不滿的老顧客決定不再和你交易時，由此造成的一系列影響，不是一時的，而是持久的。比如雷斯太太事件所帶來的連鎖反應。研究表明，生氣的顧客會將一次不愉快的經歷告訴大約11個人，這11個人又各自會和另外5人說起此事。那麼，到底最後有多少人可能會聽到有關「快樂格林」的壞消息呢？

請看下面的計算：

雷斯太太	1人
告訴其他12人	＋12人
這12人又告訴6人	＋72人
總計	85人

假設這85人中有20%的人（85×20%=17人）決定不到「快樂格林」超市購物，而這些人每月也要消費200美元，那麼，「快樂格林」超市就要承受非常大的損失了。

忠誠的老顧客是企業持續發展的基礎。相對於新顧客來說，老顧客不會因為同類產品的出現而輕易離開。能成功留住老顧客的企業都知道，最寶貴的資產不是產品或服務，而是顧客。激烈的競爭導致爭取新顧客的難度和成本逐步上升，企業傾向於保持現有的顧客，建立與顧客的長期友好關係；重視老顧客的利益，以求企業的長期穩步前進，已經成為企業市場行銷的一個重要趨勢。

保留顧客有兩種方式：其一是設置高的轉換壁壘。當顧客改變供應商，有可能導致較高的資金成本以及老主顧折扣的喪失等時，顧客可能就不太願意更換供應商。另一種就是提高顧客滿意度。就售後服務來說，最重要的是對顧客的回饋資訊作出及時的回應和正確的處理。完善的售後服務可以用來提高顧客滿意度，留住老主顧。售後服務是產品銷售的延續，同時也是建立良好顧客關係的行為延續。提供售後服務是現代企業確保市場競爭力的必然要求，而且良好的售後服務本身也是吸引客戶的一條重要途徑。它可以獲得客戶的信任，促成客戶進行第二次購買，使企業佔有市場並擴大市場。從某種意義上來說，售後服務的好壞已經成為關係到企業生死存亡的大事。

謝爾貝‧卡特：美國靜電複印公司總裁及資訊系統部高級副總裁。謝爾貝‧卡特1931年出生於紐約，曾就讀於德克薩斯大學商業管理學院並取得學位。1970年，加入Xerox公司，1972年擔任公司副總裁兼任銷售部經理，1973年升任銷售部副總裁，1976年擔任高級副總裁，1977年成為集團副總裁。

可樂裡面發現了別針
——妥善處理客戶抱怨

當企業面對客戶抱怨時，企業只有以正確的態度應對和及時有效的處理，才能化抱怨為滿意。有效地處理顧客的抱怨能提高顧客的忠誠度及企業形象。

1994年，美國可口可樂公司總部收到一位婦女的投訴電話。

這位婦女在電話裡非常憤怒地說：「在我買的可口可樂裡發現了一支別針！如果你們不能給我一個令人信服的解釋，我將向聯邦法院起訴你們，並將這件事向媒體公佈！」

可樂裡面發現了別針！可口可樂公司一時如丈二金剛摸不著頭腦：可樂裡面怎麼會有別針呢？誰也說不清。可口可樂高層對此事非常重視。

因為誰都知道，這種事若被張揚出去，可口可樂百年聲譽必然毀於一旦。可口可樂高層特別成立了一個危機處理調查組，並連夜奔赴出事地點——位於科羅拉多州的一個名為布瑞英克的小鎮。

根據那位婦女的投訴，調查組找到零售可樂的小店，又順藤摸瓜地找到批發商，最後確定這瓶內有別針的可樂是由位於科羅拉多州喬治城的可口可樂分廠生產的。調查組帶著那位婦女對這家分廠進行了突擊檢查，結果發現這家工

廠生產條件極佳，根本不可能將別針放進可樂裡。問題出在哪裡呢？查明真相是不可能的。

調查組馬上向那位婦女道歉，請她原諒，並且真誠地說：「您看，我們的生產條件極好，工作紀律也非常嚴格，發生這種事一定是個意外。遺憾的是，我們無法查出其中的緣由。

但是，請您相信，我們將會進一步加強管理，保證類似的事絕不會再發生。作為對您所受的驚嚇的補償，我們將賠償您1萬美元的精神損失費。同時，為了感謝您對可口可樂的信任和忠誠，我們將邀請您到可口可樂公司總部免費參觀旅遊。如果您對我們還有什麼不滿意的地方，請您儘管說，我們一定竭力滿足。」

那位婦女見可口可樂公司如此真誠，怒意全消，最後愉快地去可口可樂公司總部參觀了。

行銷智慧

面對突發的危機，可口可樂公司顯示了自己的勇氣和坦誠。公司高層主動與投訴的婦女聯絡，沉著而靈活地化解了一場可能引起巨大災難的危機。抱怨對行銷的危害性很大，它給客戶以極大的消極心理刺激，使客戶在認識和感情上與你產生對抗。一個客戶的嗔怪可以影響到一大片客戶，他的尖刻評價的廣告宣傳更具權威性。抱怨直接妨害行銷產品與行銷企業的形象，威脅著你的個人聲譽，也阻礙著銷售工作的深入與消費市場的拓展，對此千萬不能掉以輕心。

在日本被譽為「經營之神」的松下幸之助先生認為，對於顧客的抱怨不但

不能厭煩，反而要當成一個好機會。

他曾經告誡部屬：「顧客肯上門來投訴，其實對企業而言實在是一次難得的糾正自身失誤的好機會。有許多顧客每逢買了次品或碰到不良服務時，因怕麻煩或不好意思而不來投訴，但壞印象壞名聲永遠留在他們心中。因此，對待有所抱怨的顧客一定要以禮相待，耐心聽取對方的意見，並儘量使他們滿意而歸。即使是愛挑剔的顧客，也要婉轉忍讓，至少要在心理上給這樣的顧客一種如願以償的感覺，如有可能，行銷人員儘量在少受損失的前提下滿足他們提出的一些要求。假若能使雞蛋裡面挑骨頭的顧客也滿意而歸，那麼你將受益無窮，因為他們中有人會給你作義務宣傳和義務行銷員。」

松下幸之助還結合自己的親身經歷講到這樣一件事：有位東京大學的教授寄信給他，說該校電子研究所購買的松下公司產品出現使用故障。接到投訴信的當天，松下幸之助立即讓生產該產品的部門最高負責人去學校瞭解情況，經過廠方誠心誠意的說服與妥善的處理工作，使研究人員怒氣頓消，而且對方進一步為松下公司推薦其他用戶和訂貨單位。

不少行銷員把客戶的抱怨視為小題大做，無理取鬧，這是由於行銷員僅僅把自己作為一個旁觀者來看待。抱怨雖然是一種不滿，但同時也是一種信賴和期待的表現。客戶的抱怨並不妨礙繼續維持這個目標客戶。在這個時候，企業應當以正確的態度來應對，並透過及時有效的處理，達到客戶的要求，從而保留這一客戶，最終達到企業盈利的目的。

首先，對客戶的抱怨要表示歡迎。「客戶總是有理的」，這是行銷員必須記住的一條真理。這裡說的有理並不意味著客戶總是正確的，在實際的洽談過程中，客戶的抱怨往往是錯誤的，但即使是錯誤的意見，也必然反映了銷售過程

中可能存在的偏差和不足，可以作為改進服務的基點。要記住，客戶的抱怨是最佳的資訊資料，即使花代價也值得。

其次，對客戶的抱怨要迅速處理。抱怨處理以迅速為本，因為時間拖得越久越會激發抱怨客戶的憤怒。同時也會使他們的想法變得頑固而不易解決。因此不可拖延，而應立刻採取行動解決問題。

再次，對客戶的抱怨要以誠相待。歸根結底，處理客戶抱怨的目的是為了獲得客戶的理解和再度信任，這就要求商家在處理客戶抱怨時必須堅持以誠相見的原則。當然，誠實的解決問題並不是惟命是從，而是要先自問：「我方錯在哪里？」如果真的有錯誤，那麼就應當想一下該如何處理。

此外，要站在客戶的立場想問題。在抱怨無法避免的情況下，身為行銷者，必須站在客戶的立場上考慮問題。這一原則是要求行銷者對抱怨有效處理的條件。

馬力遜‧哈帕：畢業於耶魯大學。1939年加入麥肯‧艾力克遜公司，1945年任調查行銷部門副總經理，兩年後升代理總經理，1953年，麥肯‧艾力克遜將公司全權委託給馬力遜‧哈帕。在任期內，麥肯‧艾力克遜公司為可口可樂、寶露華手錶、契斯達習露香煙等廣告做了出色的廣告策劃。他認為「廣告是為銷售商品而存在的，不是為了獲得評論家的稱讚而存在的。」他提出了著名的「關係原理」，並根據此原理建立了綜合性市場銷售情報網。

撿海螺——小客戶也要重視

在行銷的時候，無論客戶有多大或有多小，都應該一視同仁，因為小客戶有朝一日也會成功，會成為潛在的大客戶。

有兩個漁夫，一個年輕，一個年紀比較大，他們聽說海螺在市場上賣得特別好，於是一大早就出去撿海螺。

年輕的漁夫心想：「我眼力好，手腳又俐落，比起那個老的，我的收穫一定要多許多，所以我一定要挑選那些又大又好的，才能賣個好價錢。」

一老一少兩個漁夫開始撿海螺。老漁夫只要看見海螺就如獲至寶地撿起來，年輕的漁夫總是撇撇嘴，暗自說：「這麼小的，我才不要呢！」

過了一會兒，老人就有一小袋海螺了，而年輕人的袋子還是空空的。年輕人還是不屑一顧地說：「那有什麼！我走得快，而且眼力好，只要我發現一處海螺多的地方，我彎一次腰就能撿更多。」年輕的漁夫就這樣走了大半天，始終沒有發現海螺又多又大的地方，他的袋子裡還是只有一點點，那還是他心不甘情不願彎了幾次腰的收穫，而老人的袋子早已經脹得鼓鼓的了。

晚上，兩個人遇見另一個漁夫。那個人問道：「那個地方的海螺多嗎？」老漁夫回答說：「多啊！很多啊！你看我一天撿了這麼多呢！」年輕漁夫的聲音同時也夾雜在裡面：「哪有什麼海螺啊！一個地方只有幾個，不值得撿！」

行銷智慧

兩個人在同一個時間、同一個地方撿海螺，為什麼收穫有如此大的不同？最後得出的結論也如此懸殊呢？這個道理其實很簡單，因為老漁夫懂得珍惜每一個海螺，不放過任何一個機會，而年輕人卻好高騖遠，只夢想著又大又好的海螺，所以最後只能兩手空空。

「勿以利小而不為」，這應該是每個行銷者都應記住的話。只有好好把握每一分錢，最終才能累積成財富。俗話說：「不積跬步，無以至千里；不積細流，無以成江海。」財富正是一點點累積而來的。聰明的行銷者從不拒絕任何一筆小生意，他們會因為累積而最終變得富有。

有很多人和年輕漁夫一樣，非大錢不賺，對那些「小錢」不放在心上，甚至不屑一顧。如果把這種觀念帶入你的行銷過程中，恐怕失敗的可能性就非常大。不錯！一個大客戶也許一次就能帶給你上百萬元的收益，是你爭取了好幾十個小客戶都不可能帶來的。但是如果你把所有的希望都寄託在大客戶身上，你可能就會忽略小客戶。在不知不覺中你的漠視、你的懶怠可能會讓你失去許多的小客戶，而這些小客戶有朝一日也許會成長為大客戶。

里奇‧波特：美國國家房地產行銷協會終身會長、國際房地產協會成員。1917年9月17日出生於芝加哥，先後畢業於美國西點軍校、伊利諾州大學和聖‧羅伯特大學並獲得學士學位。1964年，伊利諾州房地產經紀人協會授予他「公共關係獎」；美國行銷協會授予他「銷售術奧斯卡獎」；國家房地產協會授予他「五鑽別針會員獎」；國家房地產行銷協會為表揚其優秀行銷謀略為他頒過5項「一等獎」。

星級酒店浪用心
——不斷完善服務制度

當今世界正處於一個瞬息萬變的時代，因此企業的服務制度也要不斷完善與更新，以滿足顧客的消費心理。

余世維在他的講座中講過一個故事：五星級的泰國曼谷東方大酒店，我在這個酒店住過好幾次，給我的感覺就是他們非常強調服務。 我在那個酒店一大早起來吃早餐，門一打開往電梯方向走去，迎面而來一個泰國小姐，「早安，余先生。」道早安不稀奇，叫出余先生就很稀奇。「妳怎麼知道我姓余？」

「余先生，我們每一樓每班的小姐要記住每一個房間客人的名字！」厲害吧！她幫我按了電梯，我就下去了。 後來，她又帶我去吃早餐，他們幫我上點心，拿早餐，我問這中間紅紅的是什麼，小姐過來看了一眼，就後退了一步回答我的問題。那外面這一圈黑黑的又是什麼？請問她為什麼後退一步？——她的口水會碰到我的菜。我走遍各國，也沒看過一個酒店的服務人員是後退一步服務客人的，厲害吧！這就是細節量化。

後來我退房了，服務人員和我講了一句話：「謝謝您，余先生，真希望第七次看到您。」真希望第七次看到您，原來她的電腦記錄上面我是第六次來。我離開這個酒店以後三年，收到一封信，這個酒店寄來的。「親愛的余先生：自從三年前四月十六日您離開以後，我們就再沒看到您，公司全體上下都很想念您，下次經過泰國一定要來看看我們，祝您生日快樂！」厲害吧！後面那句，祝您生日快樂！原來是故意挑我生日那天寄出來的信。

我請教你我看了這封信有什麼感覺，當然是衝到浴室去哭了一場。發誓下次去泰國一定去看看他們。其實這家酒店消費是很貴的，為了讓他們看一眼，我寧願再去一趟。各位，那封信的信封才貼了六塊錢的郵票，卻騙了我一顆心，真是用心啊！

行銷智慧

能夠打動余先生的酒店，當然也能打動其他人。這正是這家酒店成功的經驗所在。它以最貼心、最細緻的服務使得它在眾多的酒店中脫穎而出，成為人們心目中的最佳選擇。它的成功，正是因為它具有良好的服務意識的結果。

在當今世界激烈的市場競爭中，企業要發展，就必須形成統一的服務意識與價值觀念。而企業價值觀的形成，必須依靠員工的良好素質，這就要求把員工的個人意志統一到公司的服務理念之中，制度的建立是實現這一目標的基礎。它能使員工擁有統一的行為標準，做到有章可循，有效地為顧客服務，進而使企業得以繼續存在。

當然，也不能滿足於現有的服務制度，應該根據市場環境變化，不斷地更新、補充和完善。我們知道，市場是不斷變化的，顧客的需求也在進行相對調整，所以制度必須是不斷發展的，以實現和市場的統一。

本妮絲・漢森：1911年8月1日出生於美國密西根州的姆斯科根。愛姆威企業產品的「皇冠」直銷商，如今，愛姆盛公司已發展成為世界上最大的直銷商之一。在擁有25萬名經銷商的愛姆威公司，本妮絲・漢森是僅有的9名獲得「皇冠」榮譽的經銷商之一，並被譽為「愛姆威第一夫人」。她說：「我成功，是因為我志在成功。」

丁肇中博士的失誤
——客戶服務要及時

身為行銷人員，為顧客服務一定要遵循「即時處理」的原則，否則，得罪了顧客，再用10倍的服務也是難以彌補的。

1974年8月，在美國紐約阿普頓的國立布魯海文實驗室裡，美籍華裔物理學家丁肇中與他的助手們在高能加速器的質子碰撞實驗中，發現了一個新的粒子，即「J粒子」。

但遺憾的是，丁教授卻把這一發現擱置在保險櫃裡，一拖再拖，遲遲未將發現成果公諸於世。

同年11月10日，由里支特領導的史丹福直線加速器實驗室裡，也發現了同一粒子，結果在1976年12月11日，丁肇中和里支特在瑞典斯德哥爾摩分別獲得諾貝爾物理學獎。本來應該一枝獨秀，卻變成了平分秋色。從這件事情中，丁肇中博士領悟到：「競爭就是盡最大的努力，用最快的速度和最好的品質超越別人。」

行銷智慧

從這個故事我們得到的啟示是，做任何事情絕不要拖延，今天的事情今天處理，因為明天還有明天的事。根據效率專家提供的資料，在同樣的時間內，用同樣

的力氣做盡可能多的事情的最佳方法就是所謂的「即時處理」。

簡單說，即時處理就是一旦決定了自己要做的事，不管它是什麼事，立刻就動手去做。「立刻」這一點是至關重要的。對於能夠遵循即時處理原則的人，不但做起事來往往得心應手，而且還能輕鬆愉快、卓有成效地做好它。

現代市場競爭異常激烈，「顧客」就是「上帝」的信條已眾所周知，然而真正能做到為顧客及時周到服務的行銷者卻只是少數。身為行銷人員，為顧客服務一定要遵循「即時處理」的原則，否則，得罪了顧客，再用10倍的服務也是難以彌補的。

喬‧坎多爾弗：出生於美國肯塔基州瑞查孟德鎮的一個移民家庭，並先後從肯塔基軍事學院、范德比爾大學、邁阿密大學以及沃頓金融學院畢業。坎多爾弗是全世界唯一一位能在一年之內做成超過10億美元生意的人壽保險經紀人。曾兩度獲得「國家銷售大師」獎，著有《10美分一打點子》、《向1億進軍》以及《行銷是98%對人的瞭解加上2%的商品知識》，他的《一個行銷員怎樣一年賺10萬美元？》和《兩年行銷400萬人壽保險》已被翻譯成好幾種語言。

明白事理的將軍
——行銷要有愛心

在行銷的過程中，只要你有足夠的愛心，善於以情感人、以情奪人，重視「情感價值」，就能充分發揮情感效應在商品銷售中所產生的巨大「催化」作用，進而贏得越來越多的顧客。

一支軍隊在邊陲安營紮寨。一個寒夜裡，將軍在營帳內飲酒。兩邊點著大蠟燭，身邊還生著一個大火爐，再加上酒在身體裡發熱，於是頭上便冒出汗珠子來，將軍一邊擦汗，一邊嘆氣說：「天氣太不正常了，這麼冷的天，卻還是這麼熱！」

有個士兵在營帳外站崗，被寒夜的冷風吹得牙齒格格地直發抖。他聽見將軍的這番話，便進來跪稟說：「將軍大人，您這裡天氣是不太正常。可是小人們站的地方，天氣倒是很正常的。您若不信，就請您試一試！」將軍當然明白士兵話裡有話，便下令士兵們升火取暖。

第二天，戰爭打響了，士兵們在將軍的指揮下個個奮勇向前，取得了偉大的勝利。

士兵巧妙地回應了將軍的不體諒，將軍也是一個明白事理的人，擁有愛心，能充分地設身處地考慮士兵的處境，給所有士兵升火取暖，最終使第二天的戰爭獲得勝利。

行銷智慧

一切情緒之中最有威力的便是愛心，上面這個故事中正是因為將軍對士兵們有愛心，才使士兵們透過自己的行動，主動表達出自己的感恩之情，最終奪得戰鬥的勝利。

同樣，在行銷的過程中，只要你有足夠的愛心，善於以情感人、以情奪人，重視「情感價值」，就能充分發揮情感效應在商品銷售中所產生的巨大「催化」作用，進而贏得越來越多的顧客。

美國有位胖小姐，從自己買衣服的體會中，發現了經營胖子服飾的巨大商機。於是，這位胖小姐開了家專以胖子為服務對象的服裝店，她考慮到胖子的消費心理，專門請胖子當服務員，並將服裝型號大、中、小、加大等，改為用玫瑰、百合、康乃馨等花卉名稱代表不同的服裝型號。結果該店一開張，胖子就爭相光顧，生意興隆。

人是有感情的高級動物，在任何交往中都會流露出感情，同樣在商品交易過程中，交易的不僅僅是商品，雙方也會有情感的交換。胖子服裝店之所以如此興旺，當然要歸功於市場定位目標客戶群的明確性，除此之外，還得益於一個胖字：一是請胖子當服務員，胖子為胖子服務，使顧客心理上平衡，增加了感情溝通的機會；二是以不同的花卉名稱代表不同的服裝型號，規避了「肥胖」二字，顧及了胖子的自尊心，進而獲得了他們的認可。

總之，企業在行銷過程中，對顧客一定要有愛心，要懂得研究消費者的心理，體現出「人文關懷」。在競爭日益激烈的今天，「人文關懷」可以說是關係一個企業的生死存亡，這就要求旨在生存發展的企業要把「人文關懷」的行銷

策略提高到戰略高度。

不過，當今社會，真正能夠將商業行銷以公益、文化等形式來進行的企業少之又少，真正將經營的高度上升到「文化行銷，人文關懷」的企業更是鳳毛麟角了。然而，全球財富500大沃爾瑪卻在每一個國家都實施著不間斷的便民服務和公益服務。沃爾瑪創始人山姆‧沃爾頓說：「卓越的顧客服務是我們區別於所有其他公司的特色所在。向顧客提供他們需要的東西，並且再多一點服務，讓他們知道你重視他們。」

人文關懷，其實需要的並不是巨大的資金投入。身為消費者，如果聽說哪些企業拿出部分盈利收入投入慈善事業中，一定能夠建立企業在客戶心目中的良好形象，讓消費者對企業產生親近感，最終反而能夠幫助企業更大程度的獲利。

喬治‧路易士：美籍希臘裔廣告人，最叛逆、另類的藝術指導，被人稱為「廣告界的莽夫」、「麥迪森大道上的瘋子」。1959年，路易士來到廣告公司。強烈的個人主義和叛逆性格使得路易士最終離開了DDB，之後路易士組建了3個自己的廣告公司。25年的創意生涯，路易士創作了13224個作品，他從中挑選260個經典創意，成就了那本被稱為「大眾傳播學的《聖經》」的《廣告的藝術》。路易士的另一本書《廣告大創意》(大陸譯為《蔚藍詭計》)也風靡全球。《廣告時代》雜誌將路易士評為廣告界10大新聞人物之一，1978年，他進入藝術指導名人堂和創意名人堂，成為其中最年輕的一個。1997年，路易士被AIGA授予終身成就金獎。這個獎從1920年起專門頒給對美國美術設計產生過深遠影響的個人。喬治‧路易士說：「定位和上廁所之前必須脫掉褲子一樣正常。」

解縉巧妙解圍——
根據客戶的需求進行行銷

在行銷過程中，行銷者要根據不同人群的消費習慣和消費心理著手制定相對的市場行銷策略。

明朝文學家解縉，一次不小心碰倒了金鑾殿上的一個玉桶，玉桶掉在地上碎成了幾片。金鑾殿上這一對玉桶是開國皇帝製造的，是傳國之寶，象徵著國家權力。現在解縉打破了一個，這還得了？

有個大臣稟報皇帝說：「解縉想造反，把金鑾殿上的玉桶打破了一個。」皇帝勃然大怒，傳解縉上殿，問他為什麼打破玉桶？解縉應聲回答：「為了萬歲的江山，我打破了一個玉桶。」

幾個想陷害解縉的大臣跪奏說：「解縉打破玉桶，明明是想造反，請萬歲治罪。」解縉跪奏道：「萬歲，天無二日，民無二主，只有一統（桶）江山，哪有二統（桶）江山，國家怎得安寧？」皇帝聽後大悅，不僅赦免了解縉，還大大獎賞了他。解縉就是因為深知皇帝的心思，所以才能在打破玉桶後，巧妙陳辭，投其所好，得以自保。

行銷智慧

在行銷過程中，當然不會招致什麼殺身之禍，但是若想盡快與客戶談成交易，最好還是能夠與你的客戶和諧相處，而這其中最有效的途徑就是投其所好，根據客戶的需求進行行銷。同樣的產品，每個人的要求都不同，所以在進行產品行銷時，一定要根據客戶的需求進行有針對性的介紹。

客戶的角色很複雜，所以，在銷售過程中，首先要把客戶進行分類。從層次上分，可以把客戶分成3個層次。第一是決策層，在採購過程中，他們參與的時間很短，但是他們卻具有決定性的作用；第二是管理層，他們不一定直接使用這些設備，但是他們負責管理這個部門；第三是操作層，就是指直接使用這些設備或者直接接觸服務的客戶。

各個層次上的客戶，他們各自關心不同的內容，有不同的需求，在這種情況下，行銷人員就必須針對各人不同的需求來展示產品，不能一視同仁，而應該有針對性地進行。想要在市場中處於優勢地位，不被競爭對手打倒，關鍵是要迎合消費者的需要，時刻關注消費者的需求，並根據需求來調整行銷策略，只有這樣，才能真正做到百戰不殆。

李光斗：中國著名品牌戰略專家、中國十大策劃人之一、品牌競爭力學派創始人，並兼任中央電視臺廣告部顧問。李光斗畢業於復旦大學新聞學院，他出身於市場行銷第一線，參與並策動了中國VCD和乳業行銷大戰，被評為影響中國行銷進程的25人之一，並任北京大學、清華大學、上海交通大學EMBA品牌學特聘教授。李光斗的著作有《僅次於總統的職業》、《商戰兵法新36計全書》、《品牌秘笈：廣告策劃基本原理》、《卓越品牌7項修鍊》、《解密創意》、《擴張：跨國公司憑什麼》、《品牌競爭力》等。

國家圖書館出版品預行編目資料

關於行銷學的100個故事／張漢軒編著.
——第一版——臺北市：宇河文化出版；
紅螞蟻圖書發行, 2007.10
面；　　公分. ——（Elite；5）
ISBN 978-957-659-638-4（平裝）

1.行銷學　2.通俗作品
496　　　　　　　　　　　　96018128

Elite 5

關於行銷學的100個故事

編　　著／張漢軒
美術構成／劉淳涔
校　　對／周英嬌、呂靜如、朱惠倩
發 行 人／賴秀珍
總 編 輯／何南輝
出　　版／宇河文化出版有限公司
發　　行／宇河文化書有限公司
地　　址／台北市內湖區舊宗路二段121巷19號（紅螞蟻資訊大樓）
網　　站／www.e-redant.com
郵撥帳號／1604621-1　紅螞蟻圖書有限公司
電　　話／(02)2795-3656（代表號）
傳　　真／(02)2795-4100
登 記 證／局版北市業字第1446號
法律顧問／許晏賓律師
印 刷 廠／卡樂彩色製版印刷有限公司
出版日期／2007年10月　第一版第一刷
　　　　　2015年 8月　　　第三刷

定價300元　　港幣100元
敬請尊重智慧財產權，未經本社同意，請勿翻印，轉載或部分節錄。
如有破損或裝訂錯誤，請寄回本社更換。
ISBN　978-957-659-638-4　　　　　Printed in Taiwan